ESSAI

DE

PHYSIOLOGIE ET DE PSYCHOLOGIE

PAR

DUCHASSAING DE FONTBRESSIN

Docteur-Médecin-Pharmacien,
ancien Interne des Hôpitaux de Paris, Membre de la Société
anatomique.

PARIS

LIBRAIRIE GERMER BAILLIÈRE

17, RUE DE L'ÉCOLE-DE-MÉDECINE, 17.

1874

ESSAI

DE

PHYSIOLOGIE ET DE PSYCHOLOGIE

ESSAI

DE

PHYSIOLOGIE ET DE PSYCHOLOGIE

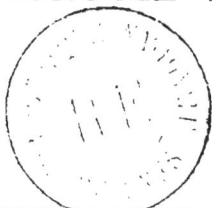

PAR

DUCHASSAING DE FONTBRESSIN

Docteur-Médecin-Pharmacien,
ancien Interne des Hôpitaux de Paris, Membre de la Société
anatomique.

PARIS

LIBRAIRIE GERMER BAILLIÈRE

17, RUE DE L'ÉCOLE-DE-MÉDECINE, 17.

1874

ESSAI DE PHYSIOLOGIE ET DE PSYCHOLOGIE

PREMIÈRE PARTIE

I

L'homme, placé en face de la nature, ne peut que saisir des phénomènes, leur ordre de succession. Cette constatation a lieu par les sens, admis en général au nombre de cinq : le toucher, la vue, l'ouïe, l'odorat, le goût. Ce sont les seuls moyens qui lui permettent de se mettre en rapport avec les séries phénoménales constituant le monde extérieur.

Si nous cherchons ces sens dans les autres êtres organisés, nous verrons qu'ils manquent tous, d'une manière qui paraît complète au premier abord, chez un grand nombre ; que d'autres ont le toucher ; certains le toucher et le goût ; quelques-uns sont pourvus de tous, sauf la vue ; les plus élevés possèdent les cinq.

Chez l'homme, divers états pathologiques, congéniaux ou accidentels montrent des individus manquant d'un ou plusieurs sens, surtout de la vue et de l'ouïe.

Des êtres organisés peuvent donc, soit naturellement, soit accidentellement, être privés de la faculté de saisir certains phénomènes, dont d'autres peuvent avoir connaissance.

Si on part des organismes inférieurs, pour s'élever aux supérieurs, on voit à mesure que l'on monte, ces moyens de communication avec le monde extérieur devenir plus nombreux, mieux adaptés et mieux spécialisés pour le but auquel ils sont destinés.

Le sens le plus répandu, c'est-à-dire qui existe chez le plus grand nombre, est le toucher. Au bas de l'échelle il manque, mais tous les êtres dépourvus de sens les ont cependant, si je puis m'exprimer ainsi, en puissance.

Un organe des sens, en effet, est une modification organique, formée en rapport avec l'appréciation de certains faits. Mais ceux-ci n'en agissent pas moins sur l'être, que l'appareil nécessaire à leur constatation claire, existe ou n'existe pas. Tout individu vivant, quel qu'il soit, a une sensibilité obtuse et diffuse à la fois, qui sert à lui en donner une connaissance, obscure il est vrai. Ceux qui sont placés au bas de l'échelle n'ont pas, nous l'avons vu, de toucher; mais tous possèdent cette sensibilité, quelques-uns à un degré très-marqué, même les végétaux.

Le toucher est une sensibilité, localisée et concentrée dans un ou plusieurs appareils spéciaux. La modification nécessaire se produit quand l'être s'élève dans la série, et grâce à cette localisation et concentration il peut arriver à constater des phénomènes qu'une sensibilité diffuse ne lui permettait pas de connaître.

Il en est de même pour les autres sens. Les êtres aveugles, soit accidentellement, soit naturellement, ne sont pas privés de toute connaissance du phénomène : lumière. Les végétaux ouvrent ou ferment leurs feuilles, leurs corolles, suivant son intensité ; les polypiers étendent leurs tentacules, et épanouis ressemblent à des fleurs. Ces mouvements, évidemment, n'ont aucun rapport avec la sensibilité diffuse générale, origine du toucher ; ils tiennent à une sensibilité spéciale, distincte, en rapport avec les phénomènes lumineux. La lumière, en effet, les fait épanouir, tandis qu'un contact, si léger qu'il soit, les fait fermer. C'est le sens de la vue, épars et obscur encore, répandu dans tout l'individu, qui, plus tard, se centralisera et donnera lieu à une modification organique en rapport avec cette concentration. L'organe des sens sera formé, et comme toutes ces énergies éparses seront réunies en un seul point, elles atteindront une unité qui leur permettra de saisir les mêmes phénomènes avec un degré de force, de précision, de netteté qui n'existait pas auparavant.

Ainsi, les sens prennent naissance et se développent à mesure que l'organisme se perfectionne ; et plus l'individu est parfait, plus il a de sens ; c'est-à-dire : de modifications organiques, où chaque sensibilité spéciale éparse, se localise, afin de lui fournir des modes de communication plus perfectionnés avec l'extérieur.

Nous avons vu que l'être inférieur a une notion obscure des phénomènes qu'il observerait, si ses sens venaient à se développer en se centralisant. Si donc chez une espèce quelconque, nous trouvons des sensations obtuses, peu distinctes, trop confuses encore, pour pouvoir être rapportées à des phénomènes déterminés, nous devons penser qu'il lui manque un sens épars en puissance, qui, lorsqu'il aura paru et se sera localisé, lui permettra d'obtenir une notion nette des objets dont il n'avait qu'une sensation obscure. D'où nous devons conclure que, si chez l'homme, seul être sur lequel nous puissions le constater d'une manière certaine, nous trouvons des idées peu claires, des aspirations vagues, sans objet, sans but déterminé, nous devons admettre qu'outre les phénomènes que nous connaissons, il en existe d'autres d'un ordre qui nous est encore étranger, dont nous n'avons qu'une perception aveugle, vu l'absence d'organe spécial et centralisé pour les constater.

Les phénomènes lumineux ont agi sur le monde organique avant que l'œil se développât. Les êtres vivant alors sentaient son influence, sans avoir aucune notion de la lumière. Peu à peu, sous cette excitation prolongée, pendant peut-être des millions d'années, après l'incubation obscure de l'idée, se transmettant chaque jour, plus développée, par la voie de l'hérédité, l'organe s'est constitué. Puisqu'il en est ainsi, n'est-il pas probable qu'il éclora plus tard d'autres sens en rapport avec ces germes aveugles que nous avons signalés dans l'humanité.

Les sens que nous avons nommés naissent avec l'homme. Les organes qui les desservent sont prêts à son usage, sans qu'il s'en rende compte. Même avant qu'il ait vu le jour, ils sont en action, ou au moins en état d'y entrer. Un fœtus, né à sept mois, voit, entend comme celui venu à neuf. Antérieurement donc à toute relation avec les phénomènes extérieurs, il avait les moyens de s'y mettre. Mais il est un autre sens qui n'apparaît que longtemps après la naissance, et l'étude de son évolution fera comprendre mieux ce que nous avons dit plus haut, savoir : qu'avant qu'un sens ne soit développé, l'être organisé éprouve des sensations vagues qu'il ne sait à quoi rapporter, jusqu'à ce que le système en rapport ayant acquis tout son accroissement, il devienne

1.

apte à saisir certains phénomènes. Si ces derniers
ne se manifestent pas, l'individu éprouve un ma-
laise, une tristesse indéfinissables, qu'il ne peut expliquer et dont la solution ne se trouve que lorsque
les phénomènes en vue desquels le sens a été produit viennent à pouvoir être perçus. Ce sixième sens
est celui de la génération. Chez l'enfant, il n'existe
qu'à l'état rudimentaire, incomplet. Aussitôt qu'il
s'est développé, ce qui arrive à l'âge de la puberté,
s'il n'y a pas initiation de l'individu, il tombe dans
ces états si bien décrits par quelques grands écri-
vains. Il éprouve des désirs dont il ne se rend pas
compte, des tristesses sans causes apparentes.

Des faits de même espèce se passent chez certaines organisations d'élite, qui cherchent partout
un idéal, un absolu, un divin sans pouvoir le ren-
contrer. Ne doit-on pas en induire qu'il y a aussi
chez l'homme un sens de l'idéal, du divin? Mais,
comme aucun phénomène précis n'est en rapport
immédiat avec lui, il éprouve un sentiment de désir
inassouvi, une souffrance, une tristesse sans bornes.
N'est-il donc pas légitime de penser (comme tout se
forme en nous par les mêmes lois) que, tôt ou tard,
les phénomènes en rapport, par suite du développement du sens, se manifesteront plus clairement et
qu'alors satisfaction sera donnée à ces besoins, à ces
aspirations.

II

Comment fonctionnent les sens? Prenons un exemple : la vue. Quand un phénomène lumineux agit sur l'œil, un arbre, je suppose, si nous examinons la rétine nous voyons sur cette membrane un arbre parfaitement dessiné, avec toutes ses teintes. Cette image est transmise au cerveau par le nerf optique, et elle s'y imprime, plus ou moins nette. Fermons maintenant l'œil, l'image rétinienne s'effacera ; mais nous n'en continuerons pas moins à la voir, quoi qu'elle soit disparue. Où pourrions-nous la saisir, si elle n'était restée gravée dans le cerveau ?

Ainsi, quand un phénomène lumineux agit sur l'œil, le dessin tracé sur la rétine s'efface en peu d'instants ; mais une fois transmis au cerveau, il y reste fixé, et on peut le revoir à volonté.

C'est cette faculté de lecture des formes, couleurs et empreintes dans cette organe qu'on appelle : mémoire.

Mais le cerveau est plus ou moins prêt, plus ou moins apte, suivant les circonstances et les individus, à recevoir ces impressions. Aussi on reverra à volonté l'objet qui a projeté son image sur la rétine, tantôt trouble, peu distinct, tantôt avec autant de clarté et de vivacité que la première fois. Bien plus, dans certains cas, on y remarquera des détails non perçus d'abord. Vous regardez un homme; il s'en va; on vous demande la couleur de son habit, de ses cheveux, de ses yeux, vous ne pouvez le dire. Mais votre attention se reporte alors sur lui et vous relisez dans son image, qui a été transmise à votre cerveau et qui s'y est fixée, les détails demandés. Evidemment, l'effigie de cet homme, auquel vous aviez donné peu d'attention, s'était posée sur votre rétine avec tous ses détails de forme, de coloration, et avec autant de précision, de fini, que votre esprit y portât ou non intérêt. On vous interroge. Evidemment ce n'est pas sur cette membrane de l'œil que vous trouverez les caractères qu'on vous demande; ils sont effacés. Mais le nerf optique a tout transporté au cerveau; il y a eu impression à votre insu et c'est là que vous relisez ce qui était passé d'abord inaperçu.

Il est des individus chez lesquels cette gravure, sur le cerveau, est si parfaite, qu'elle arrive à une précision photographique. Certains peintres voient un homme, un paysage, à peine un instant, et, au bout de plusieurs mois, de plusieurs années même,

relisent si clairement l'image qu'ils peuvent exécuter
un tableau, un portrait de la plus grande et minu-
tieuse exactitude. Evidemment, dans le laps de
temps très-court où l'image de la personne, du
paysage, a reposé sur leur rétine, ils n'ont pu saisir,
analyser ses infinis détails ; mais elle a été transmise
au cerveau, s'y est gravée sans qu'un seul trait,
quelque léger qu'il soit, ait été omis, et c'est là
qu'ils peuvent la retrouver à volonté. C'est ce qui
fait que vous revoyez quelquefois clairement des objets
que vous croyez n'avoir jamais rencontrés. Ils ont été
en rapport avec vous. Leurs formes, leurs couleurs,
sans que vous y ayiez prêté aucune attention, se
sont peintes sur votre œil, ont été portées et se sont
fixées, à votre insu, dans votre cerveau. Dans ces
cas, l'image relue est quelquefois peu distincte ; cependant, dans certaines circonstances, elle atteint un
degré de netteté étonnant. Nous avons vu des individus hallucinés décrire minutieusement des personnes, que nous connaissions parfaitement, et
qu'elles croyaient, l'hallucination disparue, n'avoir
jamais rencontrées. Cependant la précision des détails prouvait évidemment qu'ils apercevaient très-
distinctement ces objets dans leur cerveau.

Dans un des cas auxquels je fais allusion, l'halluciné adressa la parole à un homme qu'il s'imaginait
voir traverser sa chambre, détailla ses vêtements, ses

traits, avec une telle netteté, que je reconnus sans
peine l'original. Jamais cependant, à son dire, il
n'avait connu l'existence de cet homme avant le jour
de cette apparition. — Le sujet de cette observation
n'a jamais eu que cette seule hallucination et jouit
d'un parfait bon sens.

Un autre, esprit distingué, intelligence nette et
forte, achète une maison et s'y installe. Pendant
plusieurs jours de suite, tous les soirs, à la même
heure, il voit apparaître l'ancien propriétaire, mort
depuis quelque temps, qui se livre à divers petits
travaux, toujours identiques. Le fils de ce dernier
m'affirma qu'effectivement, de son vivant, son père,
tous les soirs, à cette heure, avait coutume de se
livrer à ces occupations.

Il est bien évident que l'halluciné, lorsque vivait
ce soi-disant fantôme, avait été témoin de ses ma-
nies, mais sans y prêter attention ; que, malgré ce
manque d'attention, les images des faits accomplis
s'étaient disposées dans son cerveau. Ayant acheté
la maison, logeant dans la même chambre que le
défunt, son idée avait dû nécessairement se reporter
sur lui, et il a relu ces images avec une précision
telle qu'elles lui ont paru avoir le caractère de la
réalité.

On ne peut appeler cela de la mémoire. On ne
peut se ressouvenir que des faits constatés avec un

certain soin. Ici rien de semblable ; l'attention a été si nulle que les sujets nient avoir jamais vu l'objet ; et cependant, ils le saisissent si clairement, qu'ils le croient réel ; la description qu'ils en donnent est parfaitement exacte, plus précise même qu'ils ne pourraient la faire, pour bien des faits qu'ils observent avec soin et attention.

Il n'y a qu'un moyen d'expliquer ces faits. L'image des objets reçus inconsciemment par la rétine a été de même transmise et reçue par le cerveau, s'y est imprimée, et plus tard y est *lue*. Nous verrons plus loin par quel mécanisme.

Une observation journalière et fort intéressante vient appuyer cette manière de voir. Vous êtes fatigué, vous lisez, le sommeil vous gagne, vous n'avez rien compris. Passez la nuit, dormez, et au matin vous serez étonné de vous souvenir, sans avoir repassé votre livre, de ce qui y était écrit et de le comprendre. C'est un fait que tous les écoliers ont remarqué pour leurs leçons. Dans ce cas, la vue a transmis inconsciemment au cerveau les mots qu'elle déchiffrait, le cerveau a reçu passivement l'impression visuelle des mots sans le sens, et le lendemain, l'esprit reposé, sait sa leçon, c'est-à-dire la *relit* dans le cerveau.

Chacun, du reste, peut faire sur lui l'expérience suivante : « Je pense soleil. » Si j'examine attenti-

vement ce qui se passe en moi, j'aperçois clairement,
quoi que cet astre soit absent, une image soleil, tout
comme si je la voyais par mes yeux. Seulement elle
sera plus ou moins claire, plus ou moins distincte,
suivant la nature et l'état du cerveau au moment
soit de l'impression, soit de la lecture.

Si nous étudions les autres sens, nous verrons
qu'il en est de même.

Prenons l'ouïe. Un bruit, un son se produit, d'où
formation d'ondes sonores. Elles frappent la membrane du tympan et y produisent des vibrations
affectant des formes déterminées. Le nerf acoustique
les transmet au cerveau, elles s'y impriment, comme
les images reçues par la rétine et transmises par le
nerf optique.

C'est là, dans l'organe central, que la volonté peut
réentendre un son, un bruit, un air.

Chez certains sujets, cette faculté de réception des
formes sonores est portée à un point extraordinaire ;
un son, un air, un bruit une fois entendu, se re-
trouvent toujours. — Certains mimes la possèdent
d'une manière remarquable. Quand ils veulent reproduire la voix, l'aspect, le geste d'autres personnes ; quand ils contrefont le parler d'un anglais,
d'un allemand, d'un provençal ; ils *voient* réellement
et *entendent* avant de mimer et de répéter les gestes
ou les accentuations bizarres qu'ils vont produire.

Du reste, on peut s'en assurer. Qu'on essaie en soi-
même, sans parler, d'imiter un ridicule, on s'apercevra, avec de l'attention, qu'on voit, qu'on entend,
si je puis dire, en dedans, et ce phénomène offre des
fois tant de réalité, quoi qu'aucun geste ne soit fait,
aucun son émis, qu'il amène en nous le même effet
de moquerie et d'hilarité que si nous voyions et en-
tendions réellement le personnage.

Cette faculté est indépendante de l'intelligence.
On voit des individus écouter un discours, puis le
relire en entier dans leur cerveau, quoi qu'ils n'y
aient rien compris. C'est le cas de ceux qui répètent
ce qu'ils ont ramassé dans les sociétés et surtout
dans les clubs. Plus les mots sont pompeux, sonores,
retentissants, mieux ils les frappent, mieux ils se
gravent, mieux ils sont relus. Cette fixation chez
certains est inconsciente, involontaire, et la lecture
l'est également. Quand ils parlent ils mêlent à leurs
paroles des mots n'ayant aucun rapport avec ce
qu'ils disent et même y cousent des phrases entières, qu'ils ont jadis saisies sans les comprendre.

Ces observations nous permettent de nous rendre
compte de certains faits, acceptés comme miracles
par certains, niés par d'autres comme incompréhen-
sibles, faits cependant parfaitemens constatés.

Une femme hallucinée, sachant à peine sa langue,
se met soudain à parler avec exaltation et volubilité.

Elle prêche, prononce des phrases entières en latin, en hébreu. L'explication est facile. Son maître était un pasteur, qui avait l'habitude de réciter d'avance et à haute voix ses homélies ou des passages d'auteurs écrits en ces langues. Cette femme avait tout entendu, sans y prêter attention ; mais sa membrane du tympan avait vibré, ces vibrations s'étaient transmises par le nerf acoustique et s'étaient imprimées dans son cerveau, le tout à son insu. La voilà folle ; au lieu de relire dans cet organe les mots correspondants à ses habitudes ordinaires, elle y relève des discours, des citations dont elle ignorait l'existence et qu'elle n'aurait jamais connu, si un état morbide particulier, d'une certaine portion de son cerveau n'était intervenu.

J'ai connu un individu qui, dans son état normal, ne pouvait dire un mot d'anglais ; souvent, cependant, il avait entendu parler cette langue. Etant en colère, il s'en servait avec une facilité relative.

On cite le cas d'un Russe ; jamais il n'avait pu s'exprimer en français ; malade, il parle cette langue. Dans ces deux cas, la réflexion ne pouvait faire lire les mots dans le cerveau ; une maladie ou une excitation de cet organe rendait la lecture possible.

Personne n'ignore les phénomènes curieux qui se sont passés chez les Vaudois. Des gens sans lettres, n'ayant aucune habitude de la parole, des enfants de trois à quatre ans, se mettaient à prêcher les foules enthousiastes.

Ces phénomènes se passent encore aux Etats-Unis. A des époques fixes, certaines sectes s'assemblent. Tout à coup, un membre s'écrie qu'il est visité par l'*esprit*, et il se met à parler avec une étonnante facilité. Ce qui m'étonne, me disait un témoin de ces scènes, c'est que les paysans les plus grossiers, ne pouvant dans leur état normal assembler deux idées, n'ayant aucune instruction, aucune lecture, s'exprimaient aussi facilement que les autres. Ils avaient, eux aussi, été *visités*, et prêchaient jusqu'à ce qu'ils tombassent sans connaissance. On les emportait alors.

Ces gens avaient entendu mille fois leurs frères en religion prêcher, n'avaient rien retenu, étaient incapables de rien trouver dans leur propre fonds; mais ce qu'ils avaient entendu s'était inscrit, à leur insu, dans une portion de leur cerveau, et sous l'influence d'un état particulier de cet organe, ils lisaient ce qui s'y était gravé et qu'ils n'auraient jamais perçu autrement.

Il résulte de ces observations que les ondes sonores, comme les images, se gravent dans le cerveau, et que la mémoire n'est que la lecture de ces empreintes.

Discutez avec un individu. Après son départ, ré-
fléchissez à ce qu'il vous a dit; vous vous rappellerez
tel mot, telle phrase passés inaperçus. Evidemment,
ce n'est pas une soi-disant mémoire qui vous fournit
ce mot, cette phrase. Pour qu'elle vous les donnât,
il faudrait qu'elle se souvînt; or, peut-elle se souvenir de ce qu'elle n'a pas entendu. Il faut donc
que le mot, la phrase en question aient frappé le
tympan, qu'il ait vibré, que ces vibrations se soient
transmises au cerveau et s'y soient gravées, le tout
inconsciemment. Alors, si vous venez à relire dans
votre cerveau la discussion que vous avez soutenue,
vous y retrouvez le mot, la phrase qui vous avaient
échappés, mais que l'encéphale, photographe fidèle,
avait exactement reproduit.

Pour le toucher, le mécanisme est le même.
C'est la forme de l'objet reconnu par ce sens qui est
transmise par les nerfs et fixée. Mais tandis que les
images, transmises par la vue, produisent des pho-
tographies colorées, celles données par le toucher
ne donnent qu'une gravure, celles reçues par l'ouïe
inscrivent des ondes. Quant à l'odorat et au goût,
nous ignorons comment leurs sensations s'impriment
dans le centre nerveux, mais ce doit être par un
mécanisme analogue.

III

Pour bien nous rendre compte des conditions
nécessaires au fonctionnement du cerveau, nous
allons d'abord prendre des faits plus faciles à analyser. Nous observerons ce qui se passe dans des
organes plus accessibles lorsqu'ils entrent en action.
Car la nature est *une* et emploie partout les mêmes
procédés.

Soit l'estomac : à jeun, sa membrane muqueuse
est pâle ; introduisez-y des aliments, elle se colore
et se gonfle par l'afflux du sang dans les capillaires.
Chez le Canadien observé par M. Beaumont, et qui
était affecté d'une large fistule stomacale, en examinant la cavité à jeun, on voyait sa surface interne
formant des plis irréguliers, d'un rose pâle ; elle
n'était agitée d'aucun mouvement, était lubréfiée
par du mucus. Y faisait-on pénétrer des aliments,
aussitôt la couleur devenait vive, des mouvements
péristaltiques s'établissaient, un flux gastrique clair
était versé en abondance.

Les mêmes phénomènes peuvent s'observer sur
les intestins, sur toutes les glandes annexes du canal

alimentaire qui, hors de la digestion, offrent un tissu pâle, exsangue, et pendant cette fonction deviennent rouges, turgescents, érectiles et répandant un liquide abondant. Le même afflux ou retrait du sang s'observe pour tous les organes suivant qu'ils sont en repos ou en activité, que ce soient les muscles, le cerveau, etc. Dans tous, ce raptus est en rapport avec le degré d'énergie du travail.

C'est qu'il est dans tous les organes une circulation capillaire générale, en rapport avec la vie générale, et une circulation capillaire spéciale propre à chaque système, qui n'entre en action que lorsque l'appareil s'apprête à travailler. Cette circulation spéciale offre ce caractère qu'elle reste inactive tant que rien ne vient la solliciter, mais qu'aussitôt que la fonction, en vue de laquelle elle est établie, est sollicitée, elle se développe immédiatement. Ainsi, qu'un aliment soit présenté à un animal à jeun, aussitôt ses glandes salivaires se gonflent par le développement de cette circulation capillaire spéciale, la salive afflue à la bouche.

A côté de ces faits, il en est un autre à noter : c'est que, lorsque sous l'influence de la volonté ou de toute autre cause, un organe a été souvent employé à des heures fixes, cette époque arrivée, sans que ni la volonté, ni une cause quelconque ait à intervenir, les capillaires entrent en action et l'appareil s'apprête à fonctionner. C'est ce qu'on appelle l'habitude. Qu'on tâche de s'éveiller à un moment fixe, de faire un travail à tel autre, on finira par accomplir ces actes, sans les vouloir à nouveau, sans qu'il en coûte. Le moment du fonctionnement arrivé, les capillaires du cerveau, si c'est du réveil qu'il s'agit, y feront affluer le sang; si c'est du repas, ceux des glandes salivaires de l'estomac entreront également spontanément en action. Partant de ces données fournies par l'expérience, nous pouvons nous rendre compte des conditions nécessaires pour que le cerveau puisse recevoir des impressions.

Prenons la vue. Souvent éveillés, les yeux ouverts, ce sens est dans un état d'indifférence complet; les phénomènes se déroulent devant nous, nous n'en *voyons* aucun. Cependant, si un observateur examinait le fond de notre œil, il verrait sur notre rétine l'image des objets qui, continuellement, passent et changent, et qui, cependant, nous échappent tous, quoique l'effigie de tous se soit posée sur la rétine. C'est qu'il y a autre chose au-delà : il faut que ces images soient transmises par le nerf optique, et, en outre, que le cerveau soit en état de les recevoir, et pour cela, il est nécessaire qu'il soit épanoui et sensibilisé par le développement de l'appareil de circulation spéciale dont nous avons parlé et que l'on veuille regarder. C'est en conséquence de cette volonté que l'organe central se dispose de manière à ce que l'image s'imprime claire, afin qu'elle puisse être clairement et nettement saisie. Quand la volonté est absente, et, par suite, les capillaires de la circulation spéciale en non activité, les images arrivent bien au centre; mais ou bien elles ne se fixent pas, ou, si elles le font, c'est d'une manière terne, peu précise, d'où il suit que si on veut lire, on n'aura, le phénomène disparu, pas d'idée de l'objet, ou au plus une idée confuse et vague.

Notons en passant, car nous y reviendrons, qu'il est cependant des cas où, en l'absence de la volonté et même malgré elle, les images se gravent; c'est lorsqu'il existe certains cas spéciaux d'excitation du cerveau soit normaux, soit morbides, soit médicamenteux.

Si cet afflux de sang, qui ne se produit normalement que lorsqu'un organe fonctionne, se prolonge au-delà d'un certain temps, il se produit une sensation pénible connue sous le nom de fatigue. L'estomac trop chargé, ou trop fréquemment rempli d'aliments, éprouve la fatigue stomacale; le muscle mis trop longtemps en mouvement ressent la fatigue musculaire: si l'ouïe est frappée d'une manière continue, de sons même mélodieux, une lourdeur pénible affecte la tête; si l'œil est trop exercé, une pesanteur se déclare au front et au globe oculaire.

Nous reportant maintenant à ce que nous avons dit de l'habitude, nous verrons que lorsqu'un organe est appelé souvent à travailler sous l'influence de la volonté, la fatigue, grande les premiers temps, diminue de plus en plus à chaque fonctionnement nouveau. C'est qu'*alors la volonté* intervient de moins en moins, et si elle arrive à *devenir inutile*, la *fatigue n'existe plus*.

Ces observations nous donnent l'explication de certains faits pathologiques qui semblent étranges à première vue. Dans la danse de Saint-Guy, dans ces tremblements continus qui agitent incessamment et invo'ontairement les membres de certains individus, surtout chez les paralytiques, on ne conçoit pas que les sujets ne meurent pas de fatigue. C'est que : ces mouvements sont involontaires, et que du moment que la volonté n'intervient pas, ils ne causent pas plus de lassitude que ceux des organes qui fonctionnent sans cette intervention, tels que le cœur, les muscles respiratoires. Remarquons bien que ces mouvements involontaires normalement, cardiaques, pulmonaires, et qui se font sans fatigue de la naissance à la mort, y donnent rapidement lieu, si au moyen de la volonté on vient à les modifier. Essayez de hâter le rhytme des muscles de la respiration, au bout de peu de temps vous serez épuisé; c'est que la volonté est intervenue.

Nous avons vu que pour qu'une impression se
fasse bien dans le cerveau, il faut qu'il soit dans un
état de réceptivité convenable, caractérisé par un
épanouissement de la partie qui doit la recevoir.
Quand maintenant le moi veut revoir l'objet, pour
qu'il puisse *le lire*, cette portion doit se remettre
dans l'état où elle était quand elle a reçue l'impression, c'est-à-dire que ce même état de turgescence
se reproduit. C'est ce qui amène ce sentiment de
fatigue si intense qui se développe chez ceux qui
veulent réfléchir et n'en ont pas contracté l'habitude.
Cela explique également la lassitude éprouvée par
ceux qui poursuivent une idée peu claire ; l'image
dont elle dépend a été fixée dans le cerveau dans
de mauvaises conditions, elle est terne, à contours
mal arrêtés ; le moi veut la saisir, et le phénomène
capillaire se produit d'autant plus intense qu'est plus
forte la volonté qui s'obstine à lire ce qui est peu
déchiffrable, d'où forte congestion et fatigue considérable. Nous avons dit que le moi relisait ; nous
défions, en effet, tout individu qui réfléchit et s'examine raisonner de dire qu'il raisonne sans voir, sans
toucher, sans goûter, sans entendre ses idées. Si
vous pensez soleil, comme nous l'avons dit plus
haut, vous voyez un soleil ; pensez un son, vous
l'entendez, et ce son vous fera même des fois, nous
verrons plus tard comment, retrouver un air entier.

Ce phénomène parfois se matérialise à un point tel qu'il devient une démonstration pour ainsi dire palpable; qu'un gourmand pense à un bon plat, la salive lui vient à la bouche; il goûte son idée.

Quand le cerveau ne travaille pas, il n'y a que la circulation capillaire générale qui agisse; alors il s'affaisse, et les images dont nous avons parlé se flétrissent, deviennent illisibles. Quand il fonctionne, la circulation capillaire spéciale se ranime, l'organe s'épanouit et les images redeviennent claires. Nous avons dit que cet afflux amenait un sentiment de fatigue dont le siége est non dans l'organe des sens, mais dans le cerveau. Ce fait est facile à démontrer : entrez dans un musée, vous pouvez vous asseoir et regarder vaguement des heures entières sans lassitude, sans douleur; cependant, *tous* les tableaux se sont *peints* dans votre œil. Au lieu de cela, étudiez une ou plusieurs œuvres avec soin, attention, vous ne tarderez pas, surtout si vous n'en avez pas l'habitude, à éprouver de la céphalalgie. Que s'est-il passé de plus dans un cas que dans l'autre? Dans les deux, la rétine a été également frappée par des images; même, dans le premier, elle en a reçu davantage, car l'œil se promenait au hasard récoltant tout à son passage; tandis que dans le second, elle n'en a reçu que deux. Mais quand l'œil se promenait au hasard, sans que l'attention fut fixée, les images reçues et transmises ne trouvaient pas une surface en capacité de les recueillir. Quand, au contraire, vous avez voulu regarder, la portion destinée à recevoir les empreintes a dû se congestionner, et c'est ce travail des capillaires qui a produit la fatigue d'abord, puis la douleur, s'il a été trop prolongé. Si vous êtes en chemin de fer et que vous laissiez défiler inattentif les choses devant vous, vous n'éprouvez aucune sensation pénible; mais essayez de saisir par la vue cette multitude d'objets qui passent si rapidement, vous sentirez de la céphalalgie. Pourquoi? L'œil était également ouvert. la rétine également frappée par les images dans les deux cas. Mais vous avez encore voulu voir. Il a fallu alors que, sous l'influence de la volonté, l'afflux capillaire spécial se produisit d'autant plus intense que le nombre et la vitesse du passage des images transmises exigeait un plus prompt travail.

De ce que, lorsque le cerveau fonctionne, le sang s'y porte en plus grande masse, et de ce que, lorsqu'il repose, il s'en retire, certaines personnes ont conclu que c'était cet organe qui pensait, comme c'est l'estomac qui digère. Une telle conclusion ne résulte nullement de l'exacte observation des faits, qui prouvent seulement que pour penser il faut que le cerveau soit dans un état tel que les images venues du dehors puissent s'y imprimer et que celles qui y

sont déjà fixées puissent redevenir apparentes, et
que cet état consiste en une turgescence spéciale de
l'organe. A l'appui de la thèse ci-dessus, on apporte
des expériences. Si chez certains animaux vous en-
levez le cerveau, ils cessent de penser ; bien plus,
chez certains, ces lobes se régénèrent, et, avec cette
régénération, l'intelligence reparaît. Cette faculté
avait été enlevée avec l'organe ; il repousse, l'intelligence revient; donc, c'était le cerveau qui pensait.

Ce raisonnement n'est pas rigoureux ; en suppri-
mant le cerveau, vous avez enlevé les feuillets où
étaient consignées les impressions reçues par les
sens; dès lors, il y a impossibilité de les lire. Ces
feuillets repoussent, il est vrai ; mais en pages
blanches et à peine reformés, ils reçoivent des
images nouvelles du dehors, et ce sont elles qui sont
lues, mais les anciennes n'existent plus. L'intelligence se manifeste à nouveau vu qu'elle a le moyen
de travailler, mais sur de nouveaux éléments et non
immédiatement dans son intensité primordiale. Il
faut, pour qu'elle revienne, que les sens aient pu
colliger à nouveau et le cerveau recevoir un nombre
suffisant d'images. Un cerveau repoussé, si les sens
ne venaient y apporter d'autres impressions, serait
une table rase ; il lui faut des images à lire ; si celles
qui y existaient sont détruites soit par la maladie,
soit mécaniquement, il ne peut plus raisonner ;

toutes celles effacées sont lettre morte. Si, en détruisant le cerveau, on détruisait en même temps tous les organes des sens, le centre nerveux aurait beau se reproduire, l'intelligence ne reviendrait pas. Ainsi, le cerveau supprimé, aveuglons le sujet; si la masse cérébrale se régénère, il est évident que les notions fournies par l'ouïe, le toucher, l'odorat, le goût réapparaîtront peu à peu à mesure que les organes de ces sens les recueilleront et les transmettront; mais il n'est pas moins évident que celles fournies par la vue, c'est-à-dire celles concernant les phénomènes lumineux, seront à jamais abolies.

Supposons un instant qu'il en pût être autrement; admettons le cerveau détruit. Il repousse, et sans qu'il lui ait été fourni de notions à nouveau, il recommence à raisonner. Il s'en suivrait que les idées qui existaient ne dépendaient pas de lui; que lorsqu'il a été enlevé, elles sont restées en réserve, je ne sais où, puisque lorsqu'il est reformé, il les retrouve là toutes prêtes à son usage.

Nous avons décrit l'état où le cerveau doit être pour que les images puissent être imprimées ou lues. Il est presque permanent chez certaines personnes dans l'état de veille; aussi elles saisissent et fixent avec une merveilleuse facilité toutes les manifestations phénoménales avec lesquelles elles sont en rapport. D'autres, au contraire, ont peine à les

retenir; il leur faut un effort considérable pour
concentrer leur attention sur l'objet et amener l'or-
gasme à l'état d'organe nécessaire pour recevoir
l'impression, et si cet effort vient à cesser, à l'instant tout disparaît. Les premières sont remarquables
par ce qu'on appelle leur grande mémoire, les secondes par son absence ou sa faiblesse.

Cet état d'éréthisme nécessaire et local dure plus
ou moins de temps. Nous venons de dire que chez
certaines personnes il existe normalement à l'état
permanent, le plus souvent par l'effet de l'habitude
et sans que la volonté ait à intervenir. Chez d'autres,
il exige pour se produire une forte tension; dans
certains cas, il existe et persiste malgré la volonté.
Ainsi, quand un phénomène a impressionné vivement (un objet hideux, terrible), on peut un instant,
cette manifestation disparue, détourner l'attention
de son image dans le cerveau; mais comme une
portion de cette organe a été fortement excitée, son
éréthisme persiste, ne peut que se dissiper difficile-
ment; aussi l'image y reste-t-elle toujours vivement
épanouie, et on a beau faire, il faut la lire et la relire continuellement, et malgré soi.

Divers états morbides, divers médicaments ont une
action particulière sur les circulations spéciales du
cerveau et amènent des phénomènes analogues; ils
produisent dans certaines de ses parties un dévelop-

pement de ces capillaires, d'où lecture involontaire d'images qui se présentent de force tirent l'attention, que la volonté ne peut chasser, car elle n'a plus le pouvoir d'amener le retrait de cette circulation. Elle peut bien la diminuer un instant, et, par suite, ralentir la vivacité et l'affluence des idées; mais elle se fatigue bientôt, et le sang revenant attiré par l'agent morbide ou médicamenteux, les mêmes phénomènes se reproduisent. Cette lutte pour chasser l'idée image se traduit par une fatigue énorme au cerveau, une pesanteur douloureuse à la tête.

Quelquefois ce phénomène, quoique de même nature, prend un autre caractère. L'excitation s'étend à tous les capillaires spéciaux, toute la surface cérébrale se recouvre d'apparences éclatantes, et il faut lire, lire, entraîné par le nombre de celles qui vous sollicitent. En vain, l'attention veut s'arrêter sur une pour s'y reposer; cela lui est impossible; auprès de celle qu'il veut regarder, mille autres, aussi brillantes, la sollicitent, la tirent, fourmillant à l'entour. Il faut les recueillir malgré soi, d'où une succession, une rapidité vertigineuse d'idées fuyant, revenant, sans qu'aucune puisse être fixée. C'est un vrai kaléidoscope. Le patient ne tarde pas à éprouver une fatigue énorme par suite des vains efforts qu'il a fait pour dominer cet état; il sent, pour ainsi dire, son intelligence s'anéantir : la tête

devient lourde, douloureuse. Cet état s'observe souvent dans la fièvre ; mais il existe normalement chez
quelques individus et sans fatigue, par conséquent.
Pour ne citer qu'un cas, il n'est personne qui n'ait
observé certains sujets remarquables par leur extrême
mémoire verbale et par leur loquacité ; ils vous
étonnent. Si on a la patience de les écouter, on re-
marque que ce flux abondant est composé de mots
dont la signification exacte leur échappe en grande
partie ; plus ils sont abondants et sonores, plus ils
en font usage, cela se conçoit ; ce sont ceux qui les
ont le plus frappés et qui, par conséquent, se sont
le mieux imprimés, et quand ils se mettent à parler,
toutes ces ondes dessinées par l'éréthisme, normal
chez eux, des capillaires, résonnent d'autant plus
apparentes que les mots ont été plus retentissants.
Toutes se présentent à la fois ; ils les lisent ; et plus
elles sont brillantes, plus ils les saisissent et les
énoncent : c'est une simple cueillette dans laquelle
ils choisissent les plus apparentes pour les prononcer
les unes à la suite des autres.

Le sommeil a lieu quand le sang se retire non de
la circulation capillaire générale (syncope), mais de
la circulation capillaire spéciale du cerveau. Ce mouvement de retrait a lieu soit naturellement par suite
de la cessation des excitations externes sur les organes des sens et surtout sur le toucher, répandu

chez l'homme, sur toute la surface du corps, et toujours au moins partiellement en activité ; soit par suite de l'énervement pour cause de fatigue des capillaires spéciaux soumis à la volonté. On s'est demandé si le sommeil interrompait jamais totalement la pensée et la conscience. La réponse à cette question résulte de ce qui précède. Il ne peut y avoir pensée, conscience qu'autant qu'il se trouve quelque chose à lire dans le cerveau. Si les capillaires spéciaux du cerveau sont tellement exsangues, comme cela a lieu dans la syncope et un sommeil très-profond, qu'il n'y ait aucune image apparente, évidemment il y a impossibilité de pensée et de conscience. Mais, en général, il n'en est pas ainsi ; une foule de petites congestions locales subsistent. Si surtout, pendant la veille qui a précédé, une image s'est fortement imprimée sur le cerveau, le sommeil venu, l'éréthisme partiel produit lors de cette fixation persiste plus ou moins, d'où lecture involontaire, le rêve, et c'est l'état presque constant de l'individu qui dort. Le rêve est, en général, incohérent, parce que c'est presque toujours une lecture, où la volonté n'intervient pas, d'images disséminées, peu claires, n'ayant aucun rapport entre elles.

Souvent au réveil, ces petites congestions locales ont fini de s'effacer, et il ne reste aucun souvenir. D'autres fois, elles persistent, et au réveil on peut relire son rêve, les images qui l'ont produit n'étant pas encore disparues.

Un état pareil existe souvent chez certaines personnes pendant la veille : c'est ce qu'on appelle avec raison rêverie. On lit successivement et sans s'y attacher des images qui s'écoulent vagues, peu nettes, sans suite; elles s'effacent rapidement, et on en saisit d'autres moins apparentes encore, qui s'évanouissent à leur tour. La volonté n'agissant pas, aucune ne prend une plus grande saillie, et quand on sort de cette rêverie, c'est à peine s'il reste un souvenir; c'est-à-dire que toutes les images que vous avez parcourues, ont fini par disparaître du cerveau. On ne peut tomber dans cet état qu'à condition qu'aucune excitation vive, de quelque nature qu'elle soit, ne vienne agir soit sur les organes des sens, soit sur le cerveau.

Dans certains états morbides (congestion cérébrale, coma), la circulation générale et spéciale du centre nerveux est augmentée; il s'y produit un afflux de sang excessif, d'où gonflement de l'organe, et, comme la boîte osseuse qui le renferme est inextensible, compression de sa substance. Quand un épanchement a lieu au cerveau, le même effet est produit par un autre mécanisme. Dans ces deux cas, non seulement les empreintes inscrites sur le cerveau sont effacées, mais encore celles venant du dehors ne peuvent se fixer. Il y a alors ce qu'on appelle perte de connaissance. Dans la syncope, il y a aussi perte de connaissance, mais par un autre mode. Les capillaires des circulations générales et spéciales se vident, le cerveau se plisse, les images se flétrissent ; le moi ne peut les lire, parce qu'elles sont momentanément effacées. Quand la syncope diminue, les circulations se raniment, l'encéphale se développe, les images renaissent et on peut les relire, c'est-à-dire reconnaître les phénomènes dont on a eu antérieurement connaissance.

Si au lieu de perte de connaissance seulement la mort survenait, la substance cérébrale se désagrégeant, au lieu d'effacement momentané, il y aurait destruction même des images. D'où il suit, que lors même que le moi continuerait à exister, il ne pourrait plus rien lire et deviendrait, son livre détruit, aussi étranger au monde extérieur que s'il n'avait jamais existé pour lui. Le cerveau détruit, la conscience disparaît donc.

Du rapide aperçu de ces faits, il résulte qu'il n'y a pas de faculté appelée mémoire, que le moi ne peut avoir conscience du monde extérieur et de son existence, que par le cerveau ; par conséquent, que celui-ci n'agissant plus, ou étant détruit, toutes les idées s'évanouissent et la conscience disparaît.

Mais il en résulte aussi que ce n'est pas le cerveau qui constitue le moi, que ce n'est pas lui qui a conscience, que c'est un outil qui met le moi en rapport avec le monde extérieur, outil indispensable, seule porte ouverte à l'enregistrement et à l'appréciation des phénomènes qui, fermée, nous laisse complétement en dehors d'eux.

IV

Nous avons vu que les images, pour se réveiller et être lues dans le cerveau, exigent un afflux dans la circulation spéciale de la partie où elles ont été imprimées. Nous avons vu qu'il s'effectuait soit sous l'action d'excitations extérieures, soit sous celle de la volonté, soit sous l'influence de l'habitude. Quoique la volonté ait une grande influence sur le développement et sur le retrait de cet afflux, il arrive souvent que lorsqu'il est produit soit par une violente excitation extérieure, soit par une cause morbide ou médicamenteuse, la volonté a beau intervenir pour le faire disparaître, elle est impuissante; elle peut le modifier, le diminuer un instant, mais l'effort qu'elle fait en ce sens est bientôt épuisé. Ainsi quand vous apercevez quelque chose qui vous effraie ou vous dégoûte, vous fermez les yeux; cependant, l'image écartée revient toujours et avec une telle intensité, que vous revoyez l'objet, quoiqu'absent, et, à chaque instant, l'effroi et le dégoût se renouvellent. Donc, sous l'influence de diverses causes, une image peut apparaître, s'imposer, détourner le cours des idées, et amener des séries de raisonnement en dehors de la volonté.

L'habitude amène les mêmes résultats : celui qui, à certaines heures marquées, se livre aux mêmes occupations, a beau vouloir s'en abstenir, contre ce qu'il veut, et quoiqu'à bien des reprises il parvienne à en écarter momentanément le souvenir, les impressions en rapport avec ces choses habituelles viennent le hanter, et lui enlèvent toute attention à l'égard de la lecture d'autres images à laquelle il voudrait s'appliquer. Il peut bien un instant, par l'action de la volonté, effectuer l'affaissement des capillaires et, par suite, des images en rapport avec ses habitudes, et développer ceux en relation avec ce qu'il désire, mais elles ne durent pas. La volonté, agissant par l'effort, s'épuise bien vite, et les phénomènes habituels, se développant sans fatigue, reviennent se manifester. J'ai connu une personne qui, tous les soirs, en se déshabillant pour se coucher à une heure fixe, récitait trois vers, toujours les mêmes, sans s'en douter. Quand elle s'en apercevait, elle les rejetait et tâchait de porter sa pensée ailleurs ; mais au bout de quelques secondes, ces vers revenaient frapper son oreille, et elle recommençait. Un jour, vers deux heures, la priant de me les répéter, elle ne put jamais les retrouver, et le soir, à l'heure habituelle, elle se les rappela.

L'état du cerveau, apte à recevoir les images ou à les renouveler, est extrêmement variable. Nous avons vu qu'il se développait sous l'influence de trois causes principales; qu'il était influencé par certains médicaments ou maladies, qu'il existait normalement chez certains individus. Dans tous ces cas, l'apparition ou la réapparition de l'image a lieu plus ou moins clairement. En général, la réapparition est moins nette, que la vision produite directement par un phénomène extérieur; elle offre un certain trouble, une certaine indécision. Il est cependant des cas où elle est aussi manifeste, aussi exacte, aussi intense; alors, sa lecture nous donne une sensation qui offre le même degré de précision, que si nous étions en présence de la réalité. Quand l'image se présente ainsi avec une intensité égale à celle de la première apparition, le sentiment est le même, que si on avait l'objet même, vu la première fois, sous les yeux; et si les autres sens ne venaient rectifier cette impression, nous affirmerions sa présence comme certaine.

Cette vision nette de l'image revue dans le cerveau, égalant en précision la lecture faite dans cet organe en présence même du phénomène, est normale et soumise à l'influence de la volonté chez divers individus; quelques peintres, par exemple, qui, une chose vue une fois, peuvent longtemps

après la reproduire traits pour traits avec une minu-
tieuse exactitude. Chez d'autres, elle survient en
dehors et malgré la volonté; c'est ce qui constitue
ce qu'on appelle les hallucinations, et, dans ce cas,
la lecture est d'autant plus nette, qu'en général
cette vision ne porte que sur un nombre très-limité
d'images, d'où il suit que l'attention s'y concentre
et les lit dans leurs plus petits détails, dans leur
plus intense et plus effective réalité. Dans le délire,
au contraire, c'est le système capillaire général et
spécial tout entier, qui est en état d'éréthisme;
toutes les images, quoique non voulues, apparaissent
à la fois, et malgré lui, le sujet lit les plus brillantes
sans qu'elles aient aucun rapport entre elles.

Dans l'état normal, la volonté peut diriger (nous
exposerons plus loin comment) l'apparition des
images, et les faire se succéder dans un ordre logique. Dans le délire, dans les hallucinations, ces
images se manifestent malgré nous, et nous sommes
obligés de les lire. Nous les voyons (si on peut appliquer cette expression à toutes nos sensations) et ne
pouvons pas ne pas les voir. Il suit de là, que comme
nous n'avons de rapport avec les phénomènes que
par une lecture du cerveau, et que leurs images
dans le délire, les hallucinations, apparaissent au
hasard, sans ordre, nous ne pouvons avoir alors que
des idées incohérentes et illogiques.

Ces faits prouvent à nouveau que la faculté dite
mémoire n'existe pas. En effet, si elle existait, le
souvenir des raisonnements et des rapports antérieurement constatés montreraient au sujet qu'il délire.
Or, il ne s'en aperçoit pas, ou s'il en a connaissance momentanément, ce n'est que par un effort
violent et de peu de durée de la volonté qui détermine momentanément une déplétion locale de certaines parties engorgées, ne laisse subsister l'éréthisme et le concentre pour quelques instants que
sur une série déterminée d'images ayant des rapports entre elles; alors, pendant un temps très-court,
le sujet peut saisir quelques rapports logiques et
comparés. Si le moi, reprend donc passagèrement
dans le délire une suite logique d'idées par un
effort, ce n'est pas parce qu'une faculté dite mémoire lui rappelle qu'il poursuit une série illogique;
s'il en était ainsi, ce seul rappel prouverait qu'il
raisonne sainement, et, dès lors, il n'y aurait
plus délire. Le moi se trouverait dans la position,
vis-à-vis son cerveau et les images sans suite
qui s'y succèdent, d'un spectateur sain d'esprit,
s'amusant à suivre les bourdes et les insanités d'un
bouffon.

Le moi n'est qu'un simple spectateur vis-à-vis
des images qui se révèlent dans son cerveau. Si elles
se suivent logiquement, il raisonne logiquement;

si elles se succèdent sans ordre, il ne peut lire que ce qu'il y constate.

Il y a encore un fait d'observation qui démontre comment il peut se faire, dans certains cas, qu'un sujet délirant s'aperçoit du trouble de ses idées. On n'est pas sans avoir remarqué des sujets parfaitement doués, qui ont la faculté de lire en même temps dans leur cerveau plusieurs séries bien suivies d'impressions. Tel était Jules César, qui pouvait dicter plusieurs lettres à la fois. Eh bien, chez ces individus, une portion de l'organe central peut être seulement surexcitée par la maladie ; des images sans rapport entre elles se manifestent ; dans d'autres parties, au contraire, elles peuvent continuer à apparaître suivant l'ordre logique, et alors, il y a double lecture, et c'est par comparaison, que le sujet s'aperçoit qu'il délire.

S'il n'y a pas de faculté dite mémoire, comment concevoir qu'on se souvienne d'une chose soi-disant confiée à la mémoire? Ainsi, une affaire intervient ; vous poursuiviez une idée, vous l'abandonnez avec la volonté bien arrêtée d'y revenir ; l'affaire qui vous a interrompu terminée, vous retrouvez presque sûrement votre idée. Cela se comprend : quand vous confiez une chose à votre mémoire, c'est que cette chose, au moment où vous la mettez de côté, était en lecture ; elle était donc fort apparente, d'autant plus qu'y attachant de l'importance, vous l'aviez, par votre volonté, fait saillir davantage, en y amenant une congestion plus intense. Cet éréthisme s'accroît encore par l'attention plus grande fixée sur elle au moment de la quitter, car vous voulez qu'elle se représente à première demande. Vous vous reportez d'un autre côté; cette congestion que vous avez produite, que vous ne voulez pas détruire, mais modérer seulement, ne s'efface que partiellement pendant que votre attention se porte sur l'affaire qui vous est soumise. Celle-ci terminée, les images en rapport avec elle qui s'étaient révélées se flétrissent, et celle que vous aviez écartée non effacée, mais obscurcie momentanément par l'éclat des autres, réapparaît non avec toute sa netteté primitive, mais suffisamment évidente pour attirer l'attention.

Notons ici un fait fort remarquable, qui vient appuyer ce que nous disons. Vous avez une idée confuse d'une chose que vous voulez vous rappeler; vous cherchez un mot, il est, dites-vous, au bout de la langue; vous ne pouvez le trouver. Vous auriez donc le souvenir d'une chose confiée à la mémoire, mais vous n'auriez pas souvenir de l'objet. L'explication est facile. Vous avez jadis eu une impression; vous l'avez mise de côté; la circulation spéciale qui l'avait rendue apparente s'est presque entièrement retirée; il en reste encore quelques traces, mais si pâles, si effacées, qu'elles sont illisibles, et ce n'est qu'avec des efforts, parfois impuissants, que vous parvenez à remettre les vaisseaux en action dans la direction nécessaire pour les faire se dessiner clairement.

Il faut, pour qu'une image disparue revienne ou qu'une en partie effacée prenne de l'éclat, que certaines modifications circulatoires aient lieu, et pour qu'elles s'exécutent rapidement et régulièrement, il faut que les agents de ces modifications soient *habitués* par un exercice fréquent et bien dirigé à obéir, et, surtout dans la *direction* qu'on désire leur donner. Faute de cet exercice, ils servent mal et parfois à contre-sens. Aussi l'homme habitué à raisonner assemble ses idées avec rapidité, suite, précision; celui qui réfléchit rarement a, comme on dit, l'esprit paresseux ; ses idées viennent lentement, sans précision, sans suite; car faute d'habitude des agents dont il se sert à obéir, il arrive souvent qu'ils suscitent des apparences n'ayant aucun rapport avec les précédentes, d'où, comme la lecture suit leur apparition, défaut de logique dans le raisonnement.

La mémoire n'est que le moi lisant et voulant lire les impressions laissées par les phénomènes écoulés. Le sujet à bonne mémoire est celui qui a le cerveau très-sensibilisé; celui sans ou a peu de mémoire est l'individu dont le cerveau ne l'est pas; l'homme qui perd la mémoire est celui dont le cerveau se désensibilise totalement ou partiellement : les vieillards ont la mémoire du passé et oublient le présent aussitôt qu'il cesse d'agir sur leurs sens. Ce fait inexplicable, s'il existait une faculté dite mémoire, est actuellement facile à comprendre. Les vieillards voient le passé, parce que l'image s'est jadis imprimée sur un cerveau sensible, parce que les capillaires en rapport avec cette image ancienne ont une *longue habitude* de concourir à sa claire manifestation, et obéissent sans grand peine, sans fatigue, vu *cette habitude*. Les images qui arrivent au contraire maintenant tombent sur un cerveau moins sensible, les capillaires obéissent mal, car, comme tous les organes des vieillards, ils sont usés, affaiblis. La volonté qui leur ordonne d'agir existe toujours, elle n'est pas diminuée, elle produit toujours la même force. Mais la quantité d'énergie qu'il fallait pour faire fonctionner des systèmes en bon état ne suffit plus à les mettre en action quand ils sont, si je puis dire, rouillés. L'effort qui est fait amène un certain mouvement, un certain afflux, mais peu intense et suffisant à peine pour une lecture immédiate. Aussitôt le phénomène extérieur disparu, l'image qui n'a fait que se poser sans s'imprimer s'efface, les vaisseaux qui n'avaient obéi qu'avec paresse reprennent leur atonie, et toute trace de la modification intervenue disparaît.

On accuse les vieillards d'être insensibles ; s'ils le paraissent, cela tient uniquement à cet état physique ; d'où il suit que s'ils sont indifférents pour le présent, ils ne le sont pas pour leur passé, à propos duquel ils s'attendrissent bien souvent.

Rien ne s'inscrivant plus à nouveau dans le cerveau des vieillards, et le jeune homme recevant sans cesse des impressions nouvelles, et tous les deux ne pouvant que raisonner les images qu'ils ont reçues, il en résulte toujours une certaine opposition dans leur manière de voir. Bien plus le livre du vieillard est terminé, aucun feuillet nouveau ne s'y ajoute ; d'où il suit que lorsqu'il veut raisonner, il ne peut que toujours parcourir les mêmes pages. On dit qu'il rabâche. Comment expliquer ces faits par la mémoire ? On dit la mémoire s'affaiblit chez eux. Elle n'est nullement affaiblie, puisques leurs souvenirs de jeunesse conservent toute leur fraîcheur. Si elle s'affaiblissait, elle faillirait aussi bien pour les faits écoulés que pour les faits récents. Ce qui s'affaiblit, ce sont les organes, et quand le cerveau *s'affaiblit véritablement*, la soi-disant mémoire se perd pour les faits *passés* comme pour les faits *présents*. S'il y avait une mémoire, elle subsisterait pour les faits antérieurs aux désordres qui surviennent dans le

cerveau. Chez le jeune homme comme chez le vieillard, chez le sensé comme chez l'insensé, le moi est
toujours là. Seulement, il ne *peut lire* que ce qui lui
est donné.

Revenons aux hallucinations. Nous avons dit
qu'elles étaient en général involontaires; dans certaines personnes elles sont volontaires, et, chose à
remarquer; ceux qui se les procurent finissent en
général par en être dupes. C'est ce qui arrive à beaucoup de mystiques; ils arrivent à croire que les apparences qu'ils provoquent chez eux en concentrant
fortement leur attention sur une idée image sont des
réalités; et comme en mettant ces hallucinations en
contact avec l'expérience ils en voient le néant, ils
sont forcés, pour ne pas nier leur existence qui leur
semble indubitable, de les attribuer à des causes
extra ou supra-naturelles. C'est ce qu'on observe
chez les fondateurs de religion; ils sont, en général,
convaincus par la tension de leur esprit sur ce sujet,
ils finissent par croire à la réalité de leur vision
qu'ils prennent pour des révélations, et on ne peut
aucunement les taxer d'imposture.

J'ai connu un homme de très-bonne foi, qui avait
seconde vue et seconde ouïe. Ce qu'il prenait pour
un don surnaturel n'était qu'une faculté que tout le
monde possède, et qu'il avait développée à un degré
excessif par l'*exercice* et l'*habitude*. Nous avons vu

que lorsque nous avons saisi un phénomène une fois,
l'image s'imprime et peut être réveillée et lue dans
le cerveau. Chez certains, ce réveil peut se faire, si
on s'y exerce surtout, avec une intensité telle que
cette révélation éga'e en netteté, l'impression obtenue
en présence de l'objet, et offre alors un caractère
de réalité si intense que l'on peut croire le percevoir
lui-même. La personne en question soignait gratuite-
ment les maladies. Quand un patient la consultait,
elle fermait les yeux pour n'être pas distraite par les
choses extérieures, et réveillait dans son cerveau
l'image des lésions externes qu'elle avait vues dans
son état normal, et les objectivait dans le patient ;
puis, se recueillant davantage, elle entendait une
voix qui prononçait le nom des remèdes, qu'en réalité elle entendait dans son cerveau. Cette hallucination était inconsciente, quoique. volontaire, car la
volonté la dirigeait d'une manière fort remarquable; son langage variait en effet du tout au
tout, suivant qu'elle s'adressait à des ignorants ou à
des gens instruits. J'ai bien des fois étudié cet
homme; je suis intimement convaincu de sa parfaite
bonne foi.

On pourrait, s'appuyant sur les faits ci-dessus,
donner une explication scientifique de certains phénomènes magnétiques. Ce serait trop long ; chacun
peut maintenant le faire.

Le nombre des hallucinations est bien plus grand qu'on ne le croit communément. Elles sont presque normales chez beaucoup d'individus ; mais l'attention ne se porte pas sur des manifestations en général fugitives. Quel est celui qui ayant entendu un bruit, de la musique surtout, pendant des heures, de manière à en être abasourdi, n'en soit poursuivi longtemps encore après qu'elle a cessé. A chaque instant, la sensation se réveille, puis s'éteint pour recommencer ; c'est un tintouin. — Si, quand elle a pris fin, un silence absolu règne autour de nous, le calme se rétablit : mais que le moindre bruit vienne à se produire, de quelque nature qu'il soit, immédiatement on recommence à entendre l'air qui vous avait torturé. — Cela s'explique facilement ; s'il y a un profond silence, la circulation spéciale correspondant aux sensations sonores perd son éréthisme, se calme ; mais qu'une excitation quelconque arrive, quoique le bruit nouveau n'ait aucun rapport avec celui qui vous a fatigué, l'excitation se ranime et l'afflux se fait sur les vaisseaux déjà surexcités ; d'où, nouvelle audition, quoiqu'aucun son n'existe de l'air qui vous avait impressionné. Je me rappelle le cas d'un de mes amis, sortant d'un bal muni d'un orchestre peu expert, jouant toujours les mêmes morceaux. Ce supplice avait duré une longue nuit. Il se promenait avec moi ; c'était à la campagne; il était parfaitement tranquille; un silence et un calme absolus régnaient. Tout à coup il entend la musique qui avait si longtemps brisé ses oreilles; j'écoutais : il n'y avait d'autre bruit que celui d'une petite cascade qui commençait à se faire entendre. Plus nous en approchions, plus la musique allait grossissant. Je le délivrai de cette hallucination en l'amenant dans un endroit où régnait un silence et un calme absolus. A mesure qu'il s'éloignait et que le murmure de l'eau diminuait, la musique baissait. Ici s'offre une question très-grave que nous ne voulons qu'indiquer : Quelle influence, en partant des données ci-dessus, l'organisation de l'individu peut-elle avoir sur la responsabilité personnelle? — Une femme voit un collier étincelant; cette image s'imprime dans son cerveau avec une force extrême, en rapport avec la beauté du bijou, le désir qu'elle a de le posséder, de s'en parer, et surtout de ne pas le voir briller sur un autre. Une fois l'objet disparu, son image est toujours présente; elle la hante, elle voudrait ne pas la voir, elle ne le peut pas, sa volonté est impuissante à l'éloigner. Il s'est formé dans son cerveau une congestion locale si intense qu'elle dure même dans le sommeil; elle en rêve; c'est une vraie hallucination à laquelle elle est en proie; elle ne peut s'en délivrer; il faut toujours, malgré elle, qu'elle lise l'image gravée; celle-

ci persistant, la convoitise subsiste, et tous ses efforts tendront, malgré elle, à se procurer ce qu'elle
désire. — Peut-on dire là qu'il y ait libre arbitre
complet, surtout chez les personnes qui ne sont pas
accoutumées, par le mode d'éducation, à fortifier
leur volonté par l'exercice et l'*habitude*. C'est en cela
qu'une éducation bien dirigée peut combattre les
mauvais penchants. Une bonne éducation est une
gymnastique qui *habitue* les organes à obéir à la
volonté. L'homme qui a eu une éducation bien conduite peut, par sa volonté agissant sur des organes
disciplinés, combattre ces penchants qui dépendent
du mouvement instinctif des organes ; par elle, il
peut chasser les fantômes de l'hallucination, faire
fuir les images mauvaises et leur en substituer de
nobles et d'élevées.

V

La volonté est une faculté qui a pour but de développer des forces destinées à déterminer à l'action les capillaires des circulations spéciales, afin de mettre certains organes en état de fonctionner, et, en ce qui concerne particulièrement le cerveau, d'y renouveler ou d'y rendre plus apparentes les images des phénomènes écoulés, ou de le disposer de manière à ce qu'il puisse en recevoir de nouvelles.

Nous avons vu que le moi, en l'absence d'images, ne pouvait avoir aucune conscience. Or, *pour vouloir il faut avoir conscience.* La volonté ne peut donc commencer à agir que lorsque cette conscience est en action, c'est-à-dire quand les images existent déjà à l'état lisible, et pour cela, il faut préalablement et nécessairement, avant toute conscience, avant toute volonté, qu'elles aient commencé à se révéler.

Comment arrive cette révélation qui doit précéder tout acte intellectuel ? Par trois modes :

1° Par continuité congestionnelle. — En effet, les petites congestions locales, dont nous avons fait le tableau, ne s'effacent pas toutes immédiatement, ni entièrement, même pendant le sommeil. Un certain nombre persiste toujours à un degré plus ou moins intense, d'où possibilité presque constante de lecture d'images, un peu vagues il est vrai, mais cependant assez distinctes pour pouvoir être constatées plus ou moins clairement, et par conséquent suffisantes pour que la conscience puisse s'éveiller. C'est ce qui explique comment, même lorsque nous dormons, il est rare que celle-ci soit entièrement abolie.

2° Par excitations externes. — Supposons un homme au moment du réveil. La lumière effleure ses paupières encore fermées, et, sans pour ainsi dire qu'il s'en aperçoive, excite les capillaires de l'œil, de la peau; tous les mille bruits extérieurs frappent son tympan; les images visuelles, tactiles, acoustiques, se développent à son insu, lentement, peu distinctes d'abord, mais assez apparentes pour que la conscience toujours prête puisse les saisir. Alors la volonté peut intervenir et déterminer leur manifestation plus nette. En général, à ce moment, les idées sont peu claires, car les excitations étant légères, les mouvements capillaires et, par suite, l'apparition des empreintes sont très-lents et très-faibles. Mais qu'une cause brusque et violente vienne à intervenir; comme elle a agi vivement et dans une direction déterminée; il y a une forte excitation de

l'organe ; l'apparence du phénomène se transmet
énergiquement ; une image brusque et éclatante se
développe tout à coup, effaçant par sa clarté toutes
les autres. La conscience la saisit immédiatement ;
mais, comme par suite de son extrême vivacité
toutes les autres sont pour ainsi dire obscurcies, elle
seule est saisie, sans suite, sans rapports avec aucune autre ; d'où cet effarement qui suit un brusque
réveil. — Cela nous donne aussi l'explication de ce
même état, survenant pendant la veille chez certaines personnes, dites nerveuses, quand un bruit,
fort et subit, vient les frapper sans qu'elles s'y at-
tendent.

3° L'habitude. — Ce phénomène singulier, sur
lequel nous avons déjà insisté, joue un grand rôle
dans notre existence. Si à des heures fixes on a souvent exécuté certains actes, à l'avenir, sans que la
volonté ait à intervenir, tous les jours, aux mêmes
heures, les capillaires spéciaux y correspondant se
gonfleront pour faire apparaître dans le cerveau les
images en rapport avec ces actes. Alors la conscience
s'en emparera, la volonté interviendra et imprimera
la direction nécessaire à leur accomplissement.

Ainsi donc en l'absence de tout phénomène ou de
toute image en résultant, le moi est inconscient. La
conscience ne se manifeste que tout autant qu'elle
peut saisir quelque chose ; elle ne peut se recon-

naître, s'affirmer, qu'en s'opposant une constatation phénoménale quelconque. Du moment qu'elle ne peut se l'opposer, elle est comme si elle n'existait pas, le moi paraît anéanti; c'est ce que nous voyons dans la syncope. — De là à induire, comme nous l'avons dit plus haut, que ce soit le cerveau qui raisonne, il y a loin; il en résulte seulement qu'en l'absence d'objectif le moi ne peut avoir conscience, et qu'il faut, pour qu'il entre en action (quoique toujours présent), que cet objectif puisse être constaté.

Bien souvent nous croyons penser une chose parce que nous l'avons voulu, c'est une erreur. Jamais le sujet, en l'absence de l'objet, ne peut vouloir. Toujours une impression venant du dehors ou une empreinte réveillée par un des modes relatés plus haut appelle le sujet qui, alors, veut. Mais le moi existerait seul (supposons une absence complète de tous phénomènes), qu'il serait comme s'il n'existait pas, car il ne pourrait avoir aucune conscience. Le manque de tout phénomène ou le moi n'ayant pas d'organes pour se mettre en communication avec eux; c'est tout un. Donc dans la syncope, ou ces organes sont momentanément inactifs et ou les anciennes images sont pour un temps effacées; dans la mort, ou ils sont détruits, toute conscience disparaît, le moi ne peut plus être constaté, et, s'il continue à exister, il est dès lors aussi étranger aux faits de son existence que s'il n'avait jamais vécu. — Mais, de ce que le moi ne se manifeste plus, on ne peut en conclure qu'il n'existe plus. Les faits pathologiques et les expériences physiologiques font penser le contraire. Elles montrent que si ses moyens de communication avec le monde extérieur ou les images en résultant sont détruites, il paraît anéanti ; mais que du moment qu'on lui rend ces moyens et ces images, il réapparaît immédiatement, constate les phénomènes et s'affirme à nouveau. C'est ce qu'on observe dans la syncope ; c'est ce qu'on peut voir dans les expériences ou on rend un animal exsangue et ou, par une injection, on lui restitue le liquide enlevé. — Dans ces deux cas, les relations avec les phénomènes avaient été suspendues, la conscience avait paru abolie ; on rétablit ces relations, la conscience revient. — Donc elle était là ; mais ne pouvant rien saisir, elle ne pouvait s'affirmer. — Evidemment, ce n'est pas le sang refluant au cerveau après la syncope, ce n'est pas celui qu'on injecte qui rétablissent la conscience ; on n'a fait que rendre au moi l'usage des organes ou des images dont il était privé, et du moment qu'on les lui a rendus, il s'en est servi.

Comme nous l'avons dit, quand le moi a constaté un fait, la volonté peut intervenir pour en rendre la manifestation plus nette en éclairant l'image, et cela au moyen de l'afflux capillaire. Pour produire cet afflux, elle fait ce qu'on appelle un effort, c'est-à-dire qu'elle met des forces en jeu. Donc, la volonté développe des forces qui, sans elle, ne se manifesteraient pas, forces intercurrentes dont l'action peut modifier l'intensité et la direction des séries phénoménales. C'est cette puissance qu'a le moi par la volonté de développer des forces qui constitue ce qu'on appelle la liberté. Je veux, je fais un effort, donc j'existe et existe comme être libre, c'est-à-dire pouvant, par une force qui m'est propre, agir et modifier la série des futurs contingents.

La conscience saisissant une image, la volonté la rendant plus claire, lorsqu'elle fait l'effort nécessaire pour lui donner toute sa netteté; cet effort se porte également, mais involontairement, sur toutes les images ayant de la parenté, de l'analogie avec la première. D'où il suit que le *fait seul* de vouloir lire une image *fait révéler*, et ensuite lire involontairement, pour ainsi dire, *celles de même nature*. L'attention se portant à son tour sur ces nouvelles, au moyen de la volonté, les fait à leur tour saillir plus évidentes, et amène ainsi, par continuité, l'apparition d'autres encore ayant des affinités avec les précédentes. C'est ce qu'on appelle le *raisonnement*, qui n'est, on le voit, que la lecture successive des images de même rapport. D'où il suit qu'un raisonnement logique est celui dans lequel la volonté éclairant une image, les capillaires entrant en jeu, sont seulement ceux qui lui sont relatifs ou qui appartiennent à des empreintes ayant des rapports avec elle. Le faux raisonnement, la folie ont lieu, quand voulant lire dans le cerveau, soit par faute d'habitude, soit par maladie, les vaisseaux qui se mettent en jeu sont ceux en relation avec des images n'ayant aucun rapport avec la première.

Ce que nous venons de dire jette un grand jour sur deux ordres de faits, que nous nommerons intuition et originalité.

Vous voyez certains hommes merveilleusement doués, qui, naturellement et surtout par une longue habitude et un long exercice, sont arrivés à ce point, qu'une idée leur étant donnée, ils en saisissent immédiatement et d'un seul coup toutes les conséquences. C'est ce que nous nommerons intuition, faute ici d'un autre mot. Chez ces sujets, les capillaires obéissent immédiatement à la volonté. S'ils concentrent leur attention sur une image, nonseulement elle s'éclaire, mais encore toutes celles en rapport avec elle se développent au même instant, de manière à devenir très-manifestes, et cela sans qu'ils aient eu besoin d'un nouvel effort pour passer de la première aux autres. Aussi lisent-ils, si je puis employer cette expression, d'un seul coup d'œil toute la page.

Dans les écrits de quelques auteurs, on est surpris de la bizarrerie de l'*originalité* de certaines idées. On attend la conséquence d'un raisonnement; elle est tout autre que celle qu'ils vous faisaient prévoir. C'est qu'il y a ici un manque d'habitude et de discipline; ou quand il y a habitude, c'est qu'elle a été toujours dirigée précisément et de propos voulu dans le sens de cette originalité. Le succès que ces auteurs ont obtenu les fait s'engager de plus en plus dans cette voie, et ils ne tardent pas à tomber dans l'exagération et même souvent à cotoyer la folie.

Il est inutile d'insister, d'après tout ce que nous avons dit plus haut sur le mécanisme de ces faits. Un peu d'attention le fera comprendre sans peine.

Nous insistons sur l'habitude; c'est que c'est un point fort important. Pour qu'un organe placé sous l'influence de la volonté fonctionne régulièrement, il lui faut l'habitude. Elle est indispensable pour que les capillaires spéciaux entrent en action d'une manière régulière, que ce soit le cerveau, un muscle ou tout autre organe qui doive agir. Faute d'elle, il arrive souvent qu'au lieu de mettre en jeu l'organe voulu c'est un autre qui entre en activité. Cela se voit à l'état normal et peut-être produit par une maladie. — Désirez mouvoir, je suppose, un membre; vous verrez des muscles, n'ayant aucun rapport avec ceux désignés, se contracter ; d'où il résulte des mouvements non coordonnés et n'ayant aucune relation avec le but à atteindre.

J'ai observé un cas, fort curieux à ce sujet, sur un médecin âgé de cinquante-cinq ans. Quand vous étiez assis à côté de lui, causant, vous ne remarquiez rien ; mais s'il voulait se lever pour marcher, immédiatement tous les muscles des deux membres inférieurs entraient en danse ; d'où un tremblement général, des mouvements désordonnés, n'ayant aucun rapport avec la marche. Peu à peu, il parvenait à régulariser cette action, et les muscles qu'il avait voulu faire agir continuaient alors seuls leur travail.

Le même phénomène se produit, mais moins intense, il est vrai, quand on veut mouvoir une partie ou lui imprimer une direction à laquelle elle n'est pas habituée. Essayez de faire agir séparément l'annulaire des autres doigts, ce sera tantôt le médius, tantôt le petit doigt, tantôt deux et même trois à la fois qui se mouvront. Il faudra bien des essais, bien de l'exercice et, en fin de compte, bien de l'*habitude* pour rendre l'action de l'annulaire indépendante. A moins d'une *éducation* complète, ainsi donnée, quand vous voudrez recommencer, les erreurs se produiront de temps en temps. L'explication est facile : ordinairement vous vous servez de deux à trois doigts indépendamment des autres ; les mouvements où les cinq travaillent sont en général des mouvements de totalité. Par conséquent, quand vous voulez faire agir l'annulaire, le raptus sanguin qui devrait se faire seulement sur la portion musculaire destinée à ce doigt se fait par habitude, soit sur toute la masse musculaire qui doit effectuer le mouvement de totalité, soit sur les portions déjà *habituées* à recevoir séparément cet afflux. C'est ce qui nous fait voir pourquoi chez les pianistes, les violons, tous les doigts peuvent fonctionner séparément avec une grande rapidité et facilité. L'habitude est le résultat d'un exercice fréquent, d'une éducation poursuivie avec soin.

Ce qui a lieu pour les muscles est nécessaire aussi pour le cerveau. Quand on l'exerce peu et rarement et qu'on vient à vouloir s'en servir, les raptus sanguins ne se font pas suivant l'ordre donné, mais suivant une habitude souvent vicieuse. Cela explique la fatigue de ceux qui veulent raisonner et ne s'y sont pas exercés ; il faut qu'ils fassent des efforts pour diriger l'afflux dans la direction voulue. La plupart des hommes ont plutôt l'habitude de rêver que de réfléchir ; ils n'ont pas discipliné leurs capillaires à obéir exactement ; d'où faiblesse générale et décousue de leurs raisonnements. Il faut, pour que l'homme raisonne, une vraie gymnastique intellectuelle à pratiquer continuellement ; elle est aussi nécessaire que la gymnastique des doigts pour le violon et le pianiste.

On comprendra, dès lors, comment une éducation bien dirigée (qui n'est qu'un exercice et par suite une *habitude*) peut nous modifier profondément et nous permettre de grandement améliorer, non-seulement notre corps, mais encore notre intelligence et notre moralité ; comment elle peut permettre d'échapper à certains vices, à certaines dépravations que des penseurs et des médecins considèrent comme des fatalités ; comment enfin on pourra, quand cette éducation aura été assez répandue, affirmer qu'en général tout acte mauvais doit entraîner, sans injustice, responsabilité et par suite pénalité. Il y a évidemment des cas où cette gymnastique, cette éducation ne donneront que peu ou même pas de résultats. Il est des individus, assez rares heureusement, chez lesquels cette coordination des actions cérébrales ou autres ne pourra jamais être amenée. Ainsi, dans la folie, il y a toujours quelque altération du cerveau : des indurations, des ramollissements ; certaines parties se flétrissent, d'autres sont le siége de congestions partielles. Chez les sujets qui en sont atteints, malgré la volonté, tantôt certaines images persisteront éclatantes et seront incessamment lues ; d'autres, qu'on voudrait faire apparaître, ne pourront être réveillées, et souvent en voulant en faire naître d'un certain ordre, on en obtiendra d'une nature tout à fait opposée. Evidemment les individus, dans cet état, ne seront pas plus responsables de leurs idées, et par suite de leurs actes, que ceux affectés de la danse de Saint-Guy ne le sont de leurs désordres musculaires.

VI

Nous avons étudié les sens et exposé leur mode de fonctionnement. Pour compléter, il faut toucher à des genres de sensations qui n'ont pas pour agents les organes des sens; il nous faut parler : 1° de ces sensations obtuses (si nous pouvons nous exprimer ainsi), de certains besoins; 2° de la sensation dite fatigue; 3° de celles dites douleur, plaisir; et ces dernières peuvent être de trois ordres : physiques, morales et intellectuelles.

Pour nous rendre compte de ce que sont les sensations obtuses, il faut remarquer que toutes ont un caractère commun, c'est de ne pas être habituellement libres, c'est-à-dire d'échapper normalement à l'action de la volonté. Si cette dernière vient à agir sur elles, elles deviennent libres, mais alors, comme tout acte libre, elles entraînent avec elles une peine ou un plaisir, car c'est, remarquons-le, ce qui caractérise les actes libres et ce qui prouve le mieux la liberté, c'est que tous les actes volontaires ont une sanction, tandis que les involontaires ne sont pas ressentis et n'en entraînent aucune. Nous parlons ici de l'état normal ; nous verrons plus tard ce qui en est dans l'état morbide.

Tous les organes se nourrissent. Chaque partie du corps éprouve un mouvement continuel de composition et de décomposition, et possède outre la vie générale du corps sa vie locale. Pour bien se rendre compte de ces faits, il faut remonter aux origines de la matière organisée et voir comment elle se comporte à son aurore.

Que voyons-nous au début? La cellule. On peut même remonter au-delà vers une masse amorphe: mais le premier être vraiment organisé et vivant est la cellule.

Elle jouit de diverses propriétés. Elle est plus ou moins contractile ; elle laisse passer au travers de ses molécules les liquides qui la baignent à l'extérieur; ces liquides, en parcourant ses parois, se modifient, y laissent quelque chose et leur empruntent certains éléments, et cela non au hasard, mais par une sélection inconsciente ; puis, après les avoir traversées de dehors en dedans par une marche inverse, ils sortent pour être remplacés par une nouvelle quantité venant de l'extérieur. C'est une espèce de circulation ; si elle cessait, l'organisme périrait.

Telle est la cellule; c'est l'individu le premier, l'ancêtre des êtres. Elle se compose d'une simple vésicule, renfermant un liquide, des granulations, un noyau simple ou multiple. — Elle n'a pas d'organes, pas de sens; elle vit cependant. Sa vie consiste : 1° en ce que, avec des molécules agglomérés, elle a formé la poche qui la constitue; 2° en ce qu'elle doit s'alimenter; 3° en ce qu'elle doit durer dans le temps et dans l'espace. En elle est une force cachée qui fait qu'elle remplit ces fonctions. Dans les liquides qui la traversent elle saisit, par une sensibilité obtuse, ceux qui lui conviennent. rejette les autres; c'est ainsi qu'elle s'alimente. Mais ces liquides peuvent manquer, ils peuvent renfermer des principes nuisibles ou qui, sans l'être, se déposant entre ses molécules, rendent ses parois imperméables; des obstacles mécaniques, des organismes plus puissants peuvent la détruire; mille causes menacent son existence. Cependant, il faut qu'elle dure. Elle se resserrera par le milieu, fera toucher ses parois opposés, et quand, par leur contact, une soudure se sera opérée, les deux poches ainsi formées se sépareront, pour chacune d'elles donner successivement naissance à d'autres. Ou bien, sur un des côtés de la cellule poindra une saillie, un bourgeon qui, en se détachant, donnera lieu à un être nouveau.

La cellule vit. A-t-elle des facultés? Oui. D'abord cette sensibilité obtuse, dont nous avons déjà parlé, qui l'a fait se nourrir en élisant dans les liquides qui

la traversent certains éléments de préférence à
d'autres ; puis, cette force qui fait germer d'elle une
cellule nouvelle, et enfin celle qui, dans une matière
amorphe, lui a fait rassembler les matériaux dont
elle s'est formée, force que nous qualifions d'aveugle
et d'inconsciente, que cependant nous ne pouvons
désigner que par un mot : l'idée, et qui est dirigée
dans une direction déterminée, sans laquelle toute
évolution commencée pourrait se faire au hasard et
dans n'importe quel sens.

Montons plus haut dans l'échelle des êtres ; nous
trouverons des individus formés non plus d'une seule
cellule, mais de plusieurs. On dirait qu'un certain
nombre de ces éléments primitifs se sont associés
pour constituer une unité. Cette association formera
une poche que les liquides ambiants nourriront. Ces
êtres, comme les précédents, se développeront dans
le temps et dans l'espace.

Mais qu'un plus grand nombre de cellules vienne
à se réunir, l'enveloppe de la poche deviendra trop
épaisse pour que les liquides puissent la pénétrer ;
les dispositions se modifieront en conséquence. Les
cellules se rangeront de manière à laisser entre elles
des vides communiquant à une cavité centrale, vides
s'irradiant dans la masse. C'est l'origine des vaisseaux des animaux supérieurs. Que l'épaisseur devienne plus grande, les interstices par conséquent

plus profonds, le mouvement des liquides sera aidé, soit par des palettes qui les feront cheminer en les battant, soit par des contractions de la masse. Ces conduits finiront plus haut par acquérir eux-mêmes des propriétés contractiles qui aideront cette marche. Mais le mode de nutrition restera toujours le même ; ce sera toujours par le même mécanisme que le liquide pénétrera des capillaires artériels dans les cellules pour les alimenter, et par un phénomène inverse que les excrétions se feront soit dans les capillaires veineux, soit dans des organes spéciaux. Du principe à la fin, le procédé est identique. Depuis l'être le plus inférieur jusqu'au plus élevé, la composition et le mode de nutrition sont mêmes. Seulement, plus les cellules se réunissent en grand nombre, plus la vie commune devient difficile, et plus il faut d'adaptations nouvelles pour la mettre à même de s'accomplir, et chacune de ces adaptations naît à mesure qu'elle est nécessitée par la complication de l'être. Il y a relation intime entre ces faits : complexité croissante de l'individu, modifications concordantes lui permettant de s'étendre dans le temps, dans l'espace. Il faut donc qu'il y ait, comme nous l'avons dit plus haut, une force qui tende à réunir les cellules, qui les dirige d'une marche sûre à la place qu'elles doivent occuper, et les y dispose suivant un plan défini. Nous disons que cette force est aveugle ; elle ne l'est sans doute que pour nous, et elle doit l'être, car, si nous en avions conscience, elle serait sous l'influence de la volonté, et dès lors il y aurait fatigue, défaillance et cessation d'actions qui, si elles s'interrompaient, amèneraient la mort.

Les cellules, avec leurs formes déterminées, ne pourraient produire toutes les combinaisons nécessaires. Pour y arriver, il faut non-seulement qu'elles puissent s'agréger, mais encore qu'elles puissent se modifier pour arriver au but déterminé. Elles peuvent s'aplatir, s'allonger en tubes, en filaments ; c'est ce qu'on appelle la métamorphose ; ou bien, elles se dissolveront, et du blastème en provenant sortiront de nouvelles formes appropriées aux usages nouveaux : c'est la substitution. Dans la métamorphose, l'élément change d'aspect, de volume, sans disparaître. Ainsi, chez les végétaux, les cellules se transforment en tranchées, en vaisseaux ponctués ; chez les animaux, en poils, en épiderme. Les fibres musculaires, le tissu nerveux, au contraire, ne viennent pas de cette modification ; les cellules se dissolvent, et à leur place se forment ces éléments.

La nutrition, chez la cellule, s'opère, pour ainsi dire, malgré elle. Quand les groupements cellulaires commencent, nous avons vu qu'il fallait, pour pousser les liquides dans leur intérieur, une entente, un concours synergique. Il se forme là une spécialisation. Dans les êtres les plus simples, il y a un certain nombre d'individus qui travaillent pour la satisfaction de l'ensemble. En remontant plus haut, ces agrégations affectées à une fonction se caractérisent de plus en plus. Il se forme une cavité pour recevoir les aliments à une, puis à deux ouvertures. La première les accepte, la seconde les rejette, une fois que les ouvriers chargés de ce soin en ont extrait les principes utiles à la colonie. Mais là encore l'aliment vient trouver l'individu; la spécialisation ou la division du travail va aller plus loin; un groupe se formera pour aller chercher les aliments. De là naissent des faits nouveaux : 1° nécessité, qui n'existait pas auparavant, d'être averti que la colonie cellulaire a besoin d'aliments; 2° nécessité d'être contraint d'aller à leur recherche. Cette contrainte sera sanctionnée par la douleur quand le devoir ne sera pas accompli, par le plaisir quand il aura été rempli. On peut déduire de ce qui précède certaines conclusions.

1° Qu'il y a une force qui tend à former les êtres et à diriger leur développement;

2° Que cette force est pour nous aveugle, inconsciente;

3° Que ces êtres formés, elle tend à les faire durer dans le temps et dans l'espace, semblant toutefois plus favoriser l'espèce que l'individu;

4° Que quand l'être est pour ainsi dire privé de

facultés, sa conservation et celle de l'espèce se fait en quelque sorte en dépit de lui, sans qu'il le sache;

5° Que si l'être vient à acquérir des facultés telles qu'il puisse se soustraire à l'obligation qu'il a de se faire durer lui et sa race, il est forcé de remplir cette obligation par la douleur, de même qu'il est récompensé par le plaisir de son accomplissement. Ainsi donc, aussitôt que l'être atteint une certaine autonomie, il encourt une certaine responsabilité, il a des *devoirs*, si je puis dire, à remplir; à ces devoirs, il y a une sanction : peine ou plaisir. Mais il est un être supérieur aux autres : l'homme, outre ses devoirs matériels, il en a d'intellectuels et moraux, et leur non accomplissement est également châtié par la peine intellectuelle ou morale, de même que leur accomplissement est récompensé par le plaisir intellectuel ou moral.

Les devoirs intellectuels et moraux ont comme les devoirs physiques leur source dans notre organisation, dépendent de notre nature, des lois qui nous ont formés. Ces trois ordres d'obligations sont parallèles, dérivent des mêmes causes.

Nous avons dit que les êtres supérieurs sont des collections d'inférieurs agglomérés et tendant à un but commun. L'homme donc, pour employer un mot reçu, est un composé de monades. Mais ces monades, ainsi réunies, peut-on dire que la synergie de leurs forces constitue une unité qui s'affirme et dit moi? Cela est inadmissible. Qu'on nous permette une comparaison : un régiment est sur le terrain ; tout à coup vous voyez trois à quatre mille hommes, appelons les monades, qui composent ce corps, remuer chacun la même jambe, exécuter tous ensemble le même mouvement, enfin, l'évolution complète terminée, tout rentre dans l'immobilité. Pouvons-nous admettre que toutes ces monades, à la fois, aient eu la même idée qui leur ait fait remuer en même temps, d'égale mesure, dans la même direction, les mêmes membres, et qui, un certain nombre de mouvements, le même pour tous, exécutés, ait fait rentrer le tout dans l'immobilité la plus absolue? Evidemment non ! N'aurions-nous pas assisté au commandement qui a tout mis en action, nous le supposerions. Remarquons-le, chacun de ces monades soldats, en exécutant les mouvements synergiques qui constituent la manœuvre, a conservé son autonomie pour une foule d'autres actes qui se passent en lui ; n'en doit-il pas être de même des monades qui composent l'homme? Il y a une monade supérieure directrice qui dit moi, et à elle sont subordonnées des milliards d'inférieures qui lui obéissent, tout en conservant leur autonomie organique et fonctionnelle.

En effet, vous voulez exécuter un mouvement ; est-

il admissible que ce soit la collection monadaire qui
l'ait voulu! Si c'est le bras que vous agitez, sont-ce
toutes les cellules qui le composent et ont concouru
à cette action qui l'ont décidé. On leur a ordonné,
elles ont obéi. Coupez la queue d'un lézard, les
pattes d'un crabe, elles repousseront plus ou moins
vite. Evidemment, quand cette reproduction a lieu,
il y a intervention des éléments organiques en rapport avec la section; mais ces éléments, livrés à
eux-mêmes, pourraient évidemment, au lieu d'une
queue, d'une patte, reproduire une prolongation organique quelconque et même rien du tout. Il faut
donc qu'il y ait une force directrice qui fasse que
l'organe amputé soit remplacé par un semblable,
sans quoi la production nouvelle n'aurait aucune
raison, soit pour prendre fin, soit pour se diriger, et
pourrait, supposant qu'elle reformât des éléments
semblables et en rapport avec ceux de la partie sec-
tionnée, les développer indéfiniment et sans direction arrêtée.

Ce qui a lieu ici, est ce qui se produit dans le
germe fécondé. Une direction est donnée, qui fait
que la fécondation opérée, les éléments anatomiques
existants agissent dans un sens précis et nullement
arbitraire : de telle sorte que le germe connu, on
sait d'avance tous les développements successifs qu'il
doit présenter. Les cas de monstruosités, loin d'in-

firmer, confirment ce que nous disons. Le germe possède une force qui tend à diriger ses évolutions; que des forces étrangères viennent à contrarier la première, évidemment le développement se trouvera entravé et modifié. Il arrivera ici ce qui se présente toutes les fois que des énergies agissent en sens divers, une déviation du mouvement primitif. Cela est tellement vrai, que les expérimentateurs peuvent produire des monstruosités à volonté, en s'opposant au développement normal, en le contrariant ou en l'exagérant. Si la force qui tend à former les êtres ne cédait pas ainsi à celles contraires, elle serait d'autre nature que toutes celles connues. Si on greffe une portion de tissu d'un animal sur un autre, la soudure se fait. Cela montre, comme nous le disions, que les éléments primitifs constituant tous les êtres organisés sont les mêmes. Mais cette greffe, si c'est un lambeau de peau d'un membre, appliquée du côté de la queue, ne produira pas une queue; elle se développera là où elle a été implantée, et y formera une continuité de tissu accidentelle qui vivra, car, en définitive, son milieu ne sera pas changé et cette vie aura lieu, non par l'influence de la monade centrale, mais par suite de l'autonomie des monades avec lesquelles elle est en rapport. L'autonomie de la monade centrale et celle des monades inférieures, dans de certaines limites, est nécessaire, sans quoi les fonctions organiques seraient impossibles. Si la volonté n'était que le consensus général des monades, la vie cesserait bien vite. Nous avons vu, en effet, que du moment qu'il y avait volonté, il y avait fatigue, par suite repos forcé. Or, les fonctions, si les monades voulaient, s'arrêteraient à chaque instant par fatigue, distraction volontaire ou involontaire, d'où destruction de la colonie. Quand la monade centrale dit moi, il faut qu'elle domine les autres; pour cela, elle veut; d'où effort, épuisement, phénomènes, qui n'existent pas et ne peuvent exister pour les monades élémentaires. Pour qu'elles vivent, il leur faut le travail continu, c'est-à-dire sans volonté, sans effort, par suite sans lassitude. N'obéissant qu'à une force propre, inconsciente, elles peuvent fonctionner sans interruption, tandis que la monade supérieure, produisant à volonté de la force, s'énerve et a besoin de repos.

Cet énervement s'observe chez tous les êtres qui *veulent* et peuvent produire de la force, de quelque nature qu'elle soit; les poissons électriques, attaqués, développent et dépensent une puissance très-forte dans leurs premières décharges; mais bientôt ils sont épuisés et on peut les saisir sans danger.

VII

L'homme, avons-nous vu, placé en contact avec le monde extérieur, ne peut que saisir des phénomènes perpétuellement changeants. Ils ne peuvent être constatés sans cette incessante mobilité ; sans elle même ils n'existeraient pas. Nous ne percevons que des successions de formes et de rapports, et, en définitive, tout ce à quoi nous arrivons, c'est à constater des mouvements. Leur cause est ce qu'on appelle force. Sous son influence se produisent indéfiniment des apparences dites formes, dont les mutations continuelles constituent le mouvement.

Quant au substratum, base des phénomènes, en existe-il un? Nous l'ignorons ; les qualités qui pourraient le révéler nous échappent. Il est évident, en effet, que les impressions diverses que nous ressentons n'ont aucun rapport avec lui et ne peuvent nous donner aucune notion à son sujet ; elles ne dépendent que de notre propre sensibilité et nullement de la nature intime des objets qui ont pu agir sur nous. Les preuves seraient trop longues à établir ; nous en indiquerons une cependant. Un corps lumineux donne à l'œil une sensation de lumière, un excitant quelconque mis en contact avec cet organe, une irritation nerveuse, certaines maladies, un coup, une simple pression, produisent le même effet. Evidemment, ce que nous avons ressenti dans ces six cas différents ne donne aucune notion sur les qualités des agents extérieurs ; tous sont différents, tous ont agi sur l'œil et tous ont donné la même sensation. On pourrait multiplier ces exemples.

Ce substratum, qui serait la base des phénomènes et nommé matière, est donc indémontrable. Existe-il? Peut-on concevoir une matière sans force, par suite sans mouvement, par conséquent sans forme? Ce serait le néant. Peut-on le concevoir formé d'atomes indivisibles? Peut-on le comprendre divisible à l'infini? Peut-on admettre, s'il est infini, qu'il soit formé par une collection quelque grande qu'elle soit de formes, c'est-à-dire de choses finies? Est-il fini? Comment saisir ses bornes?

Il n'y a qu'une chose qu'on puisse atteindre, la force, agissant toujours et se traduisant en dernière analyse par un seul phénomène, le mouvement.

On entend par loi, la constatation de l'ordre sériel des modifications formales produites par la force.

Quand un certain nombre de phénomènes se succèdent toujours dans les mêmes rapports, on admet que le suivant dépend du précédent, et le premier est dit effet, le second cause. Or, tous les phénomènes changeant incessamment, et étant toujours précédés et suivis par d'autres, on a admis également que les subséquents dépendaient des antécédents ; en un mot, qu'il n'y avait pas d'effet sans cause, ni de cause sans effet, et, par suite, que l'effet était proportionnel à la cause et ne pouvait jamais renfermer plus qu'elle.

Ce rapport de cause à effet peut-il être affirmé comme une certitude ? De ce que les manifestations se succèdent, peut-on en conclure que celle qui suit soit le produit de celle qui précède. Certes, la succession est incontestable, mais la dépendance ne l'est pas. Peut-on dire des maillons d'une chaîne que celui qui suit soit le produit de celui qui précède ? Ce sont des formes ne dérivant pas l'une de l'autre, et, cependant, toutes se tiennent formant une série. Une force agit toujours dans une certaine direction : tout ce qu'elle produit a donc quelque chose de commun, des rapports, mais qui peuvent ne pas dépendre de la génération de ces formes l'une par l'autre. Aussi l'idée de cause de force ne nous est-elle pas fournie par le monde extérieur. Je veux mettre un membre en mouvement, que se passe-t-il ? Je veux. Sous cette influence, je développe une force, un mouvement est produit ; de plus, si le mouvement est difficile à exécuter, il faut que ma volonté devienne plus intense, alors la force s'accroît. C'est ce qu'on appelle l'effort qui est proportionnel à la résistance à vaincre. Nous voyons donc que, sous l'influence de la volonté, nous produisons des mouvements. L'agent qui développe ce mouvement est la force ; cette influence, nous la nommons cause, et le résultat obtenu, effet, et comme nous constatons qu'il faut d'autant plus vouloir que nous désirons développer plus de force, nous en concluons qu'il y a proportionnalité entre la cause et l'effet. Il s'ensuit que lorsque dans le monde extérieur nous voyons un objet en mouvement, transportant en dehors ce que nous avons observé dans nous, nous en déduisons que là, aussi, il y a une cause, dont ce mouvement est l'effet. Allant plus loin, nous admettons encore qu'il doit y avoir eu une volonté qui a mis cette force en action et lui a donné une direction déterminée ; bien plus, voyant que la volonté est proportionnée à la force à produire, c'est-à-dire la cause proportionnée à l'effet, si nous voyons une énergie supérieure à celle que nous pouvons produire, nous en impliquons une volonté plus puissante que la nôtre.

Est-il bien légitime de conclure de ce qui se passe en nous au monde extérieur, et de regarder les lois qui régissent nous et notre raison comme les siennes? Il ne peut y avoir hésitation à l'affirmer. L'homme

est le produit des lois générales qui ont *tout formé*.
Produit par elles, il ne peut raisonner que par elles.
Quand il s'étudie, il ne peut donc que les constater,
et quand il les a saisies, il peut légitimement les
transporter au monde extérieur, et conclure de ce
qu'il observe en lui à ce qui se passe au dehors. Lors
même que l'homme paraît étudier en dehors de lui
par expérience externe, c'est le produit d'un travail
interne qu'il objective. C'est toujours du dedans au
dehors que nous travaillons, même le positiviste. Le
couvercle d'une marmite se soulèverait encore et
toute l'éternité, inutilement, si la spéculation n'était
intervenue pour en déduire la machine à vapeur.

Nous avons vu que chez l'homme, il y a deux
ordres de force : les unes agissant sous l'influence
d'une volonté inconsciente, les autres sous celle d'une
volonté consciente. Transportant ces données au dehors, quand nous constatons que la cellule se nourrit
et que, par une sélection sûre, elle saisit dans le
liquide ambiant les éléments propres et rejette les
hétérogènes, nous devons conclure que la force
directrice a une cause, qui ne peut être aussi qu'une
volonté, dont nous n'avons pas conscience et que,
pour cela, nous nommons aveugle. Mais l'est-elle ?
Evidemment non ; car si elle l'était, elle s'égarerait
sans cesse, tandis que nous constatons le contraire.
Nous l'appelons inconsciente, uniquement parce

qu'elle n'est pas soumise à nous, que nous n'en pouvons dire moi parce qu'elle est en dehors de nous.

Etant libres dans notre vie de relation, et celle-ci pouvant être suspendue sans danger, nous agissons par une volonté et des forces propres. Mais la vie organique ne peut jamais s'arrêter sous peine de mort; d'où il suit que la volonté qui la dirige doit nous échapper, et il faut qu'il en soit ainsi. Dans le premier cas, c'est une volonté imparfaite, intermittente, défaillante qui agit; dans le second, c'est une volonté parfaite, continue, jamais défaillante.

Si nous jetons les yeux sur l'univers, nous voyons l'ensemble continuer ses mouvements sans relâche, sans fatigue; tandis que l'être libre est fini, borné, discontinu dans son mouvement. Ainsi donc en dehors des forces que l'homme peut faire naître et diriger, il en est d'autres sur lesquelles il n'a aucune autorité, qu'il peut contrarier seulement par moments en lui opposant ses forces intermittentes qui peuvent faire varier les accidents des secondes, mais sans jamais entraver leur direction définitive et finale. Ces forces, en dehors de nous, nécessitent une volonté supérieure à la nôtre, car elle ne se lasse jamais. Nos actes sont intermittents; les siens sont incessants, du moins dans les limites de notre observation.

C'est cette volonté incessante, en dehors de nous, que l'on appelle Dieu.

DEUXIÈME PARTIE

I

L'existence de Dieu ressort des faits que nous avons exposés plus haut, mais il faut accumuler les preuves. Elle ne peut être démontrée comme un théorème de géométrie. Pour le faire, il faudrait une idée adéquate de Dieu, ce qui est absurde; ce serait se confondre avec lui. Mais en l'absence de cette preuve mathématique, en dehors de celles disséminées dans la première partie, n'en existe-t-il pas une foule d'autres qui, par leur réunion, permettent d'arriver non à une connaissance adéquate, mais à une certitude.

Voyons ce qui se passe dans la vie humaine. Un crime a été commis : pour avoir une conviction absolue, il faudrait avoir vu l'assassin, son arme, l'usage qu'il en a fait, la victime, et encore un seul témoignage ne suffirait pas, en admettant même la bonne foi la plus complète; il peut y avoir eu hallucination; on devra exiger, en outre, des témoins nombreux, honorables, enfin l'aveu même de l'accusé. Dans l'ordre humain, on ne demande pas toutes ces preuves. L'arme qui a servi peut manquer, le crime a pu être commis dans l'ombre, les témoins de *visu* peuvent ne pas se trouver.... Mais l'enchaînement des faits, l'étude des mobiles, les paroles échappées à l'inculpé, sa présence sur les lieux, l'empreinte de ses pieds, les taches de ses vêtements, ses antécédents.... tous ces indices amènent à former une conviction qui sert de base à un jugement. Pourquoi réclamer à la théodicée d'autres preuves que celles qui servent tous les jours à régler notre conduite? C'est que, dans ce cas, la conviction qui nous guide ne nous oblige à aucune servitude, à aucun sacrifice; tandis que lorsqu'il s'agit de Dieu, elle nous rend esclave de ce qu'on nomme le devoir, et l'homme, en vertu de cette propriété qu'il possède (et qui est tant niée), la liberté, a tendance innée à se soustraire à toute servitude, qu'elle s'appelle devoir ou porte tout autre nom.

Ainsi donc, il s'agit non d'une preuve unique, mais d'un faisceau de preuves, toutes concordantes et démontrant non l'existence absolue de Dieu, mais la certitude et la nécessité de son existence. Nous ne reviendrons pas sur celles indiquées plus haut à mesure qu'elles se rencontraient; nous allons passer rapidement en revue celles exposées par d'autres en les appuyant de nouvelles. Une des plus anciennes et des plus invoquées est celle des causes finales. Il s'agit de s'entendre sur ce mot. Si on veut dire que toute chose a une fin, par conséquent a été voulue et en conclure à une cause intelligente, c'est inadmissible. Mais on peut réduire cet argument à de certaines limites, et dire : dans beaucoup d'êtres, nous trouvons des organes admirablement adaptés à une fin, si bien disposés, qu'en y réfléchissant un être intelligent les aurait inventés, s'il avait eu le même but à remplir : donc, ces organes sont le produit d'une intelligence. Ainsi, nous savons que les valvules n'existent que dans certaines veines, celles où la colonne sanguine serait trop considérable en hauteur ; nous voyons que si le cœur était privé de ces mêmes organes, le sang ne circulerait pas. Nous constatons tous les jours les accidents graves qui résultent, des ossifications qui les empêchent de fonctionner, des maladies qui les rendent insuffisantes ou peu mobiles ; d'où il résulte qu'on peut avancer que beaucoup de faits, et ce sont ceux qui nous sont le mieux connus, indiquent une fin voulue, par conséquent une intelligence. Mais on ne peut en induire qu'elle soit infine et créatrice, et non simplement ordonnatrice.

Cette conclusion ne serait-elle même pas trop étendue. En effet, il est des lois qui règlent le développement des êtres ; les phénomènes que nous observons ne sont que leurs conséquences finales. Il y a une évolution successive d'une force, d'où une certaine unité, un certain ordre, un certain enchaînement d'effets dépendant l'un de l'autre : d'où l'apparence d'un plan, d'une intelligence. A cette objection vient s'opposer une question, soit : il n'y a là qu'une relation de cause à effet ; mais d'où vient cette force ? qui la détermine ?

Pour établir la théorie des causes finales, on a pris souvent des exemples tirés de nos organes, et l'on a montré combien ils étaient bien adaptés aux fonctions qu'ils avaient à remplir. Les adversaires de ces causes ont objecté à cette manière de voir que ce ne serait pas l'organe qui déterminerait la fonction, mais la fonction qui amènerait le développement de l'organe. C'est la nécessité de l'acte à accomplir et non une intelligence qui fait l'organe. Précisons les faits. Certes, l'articulation scapulo-humérale est fort bien conçue pour les mouvements du membre supérieur chez l'homme. Que l'humérus vienne à se luxer, les mouvements du bras sont abolis ; ceux de l'avant-bras et de la main sont seuls maintenus. Que se passe-t-il alors ? La tête luxée de l'os, reposant sur des parties molles ou dures, se fait peu à peu sa place ; il se forme à la longue une

fausse articulation avec des cartilages, une syno-
viale, même des ligaments; des mouvements plus
ou moins étendus du bras se rétablissent. La fonction
a donc déterminé la formation d'une deuxième articulation ; donc c'est elle qui avait produit la première. Cette objection n'est pas bien claire. Tout le
monde comprend ce que c'est qu'un organe méca-
nique ou vivant, mais tout le monde ne saisira pas
ce que c'est qu'une fonction produisant un organe.
Une fonction en puissance non fonctionnant et produisant un organe ne peut être désignée que par un
mot : une *idée*, laquelle idée détermine la formation. On peut dire que cette idée est inconsciente,
soit, mais on n'en tombe pas moins dans le spiritua-
lisme. Du reste, ce qu'on appelle ici une objection,
peut être tout aussi bien invoqué comme preuve à
l'appui par les partisans des causes finales. Ils
peuvent soutenir, en restant fidèles à leur opinion,
que l'organe détermine la fonction, ou bien que c'est
le contraire qui a lieu. Ils peuvent avancer que si
l'organe ne peut agir par suite d'un obstacle, il est
prédisposé finalement à éprouver les changements
nécessaires à son action, et que les tissus ambiants
sont finalement aptes aux mêmes modifications si
le besoin s'en fait sentir. Eh quoi, peuvent-ils dire!
Voilà un organe qui vient à manquer; il est nécessaire à l'accomplissement des actes de l'être; son

absence trouble son existence; immédiatement des
parties, étrangères primitivement à cet appareil, se
rangent, se façonnent de manière à le suppléer. Eh
bien, ce fait ne plaide-t-il pas plutôt pour que contre
une intelligence qui, non seulement, a établi des
organes pour les fonctions, mais encore a prévu leur
remplacement au cas où ils viendraient à défaillir.

Une deuxième preuve de l'existence de Dieu est la
suivante : Tout change; tout, par conséquent, se
meut; tout mouvement suppose un moteur; en remontant en arrière, on arrive à conclure qu'il doit y
avoir au principe un premier moteur immuable :
Dieu. A première vue, cette preuve parait légitime.
Admettons donc ce premier moteur; mais rien ne
prouvera qu'il soit infini, créateur, ordonnateur. On
a objecté à cette preuve, tirée d'un moteur premier,
que rien ne démontrait sa nécessité; qu'il était possible qu'il y eut en arrière une série de causes secondes infinies. J'avoue ne pas comprendre. Prenons
un exemple : notre système solaire. Que démontre
l'observation?

1° Que ce système a été probablement à l'état de
nébulosité :

2° Que cette nébulosité s'est divisée en anneaux
concentriques ;

3° Que chaque anneau, par sa condensation, a
formé un astre et ses satellites ;

4° Que ces astres étaient à l'état fluide ou plutôt de fusion ;

5° Qu'ils se sont refroidis;

6° Que ce refroidissement a fini par permettre à la vie d'apparaître sur ces globes.

Que devons-nous conclure de ces hypothèses, supposé qu'elles soient vraies? Que notre système a passé par au moins six états différents. Que chaque période ait duré des millions ou des milliards d'années, peu importe; elles sont bien définies, bien limitées. Il est évident qu'il y avait une époque où notre monde était inhabité, et qu'il ne l'est que depuis un temps déterminé. Ainsi toutes les époques par lesquelles est passé notre système peuvent être notées par une série : $a + b + c + d$.... chacune de ces lettres représentant l'une d'elles. Or, une série formée de nombres définis ne peut être indéfinie. Que le nombre d'états ayant précédés celui-ci ait été de plusieurs millions ou milliards, en définitive la durée de chacun pourra être représentée par un nombre fixe, puisqu'il a duré un temps fixe. La totalité de ces nombres réunis ne pourra également donner qu'un chiffre déterminé, puisqu'il ne sera formé que de chiffres déterminés. D'où il suit que dire que le monde a toujours existé est absurde, invoquer des causes remontant en arrière à l'infini l'est également.

Une troisième preuve de l'existence de Dieu est celle tirée de l'idée de parfait. Tout est fini, limité, imparfait; nous ne pouvons donc acquérir par nos sens que des notions de choses finies, imparfaites. Comment donc l'idée de parfait peut-elle se trouver en nous, si elle ne nous est fournie par l'Etre parfait lui-même? Tous les êtres, a-t-on dit également, sont contingents; or, la raison de ces êtres contingents ne peut être qu'un être nécessaire. Nous ne faisons qu'indiquer ces arguments.

Nous avons dit que l'homme, comme tous les êtres, était un produit des lois générales qui régissent la nature. Donc, tout ce qui est en lui existe par elles, et il ne peut rien avoir en lui qui ne provienne d'elles et ne soit leur conséquence légitime; d'où nous devons déduire que tout ce que nous observons en lui est la vérité par rapport à ces lois, n'est que leur résultat et ne peut être en dehors d'elles. C'est par elles que son cerveau est formé, qu'il est apte à être impressionné, que les images sont lues et que les idées naissent. Si donc les idées de parfait, d'infini, de cause première existent, elles ne sont que la conséquence de ces lois, et si, quand nous lisons une image dans le cerveau et qu'il en résulte une idée, nous avons le droit d'affirmer l'existence de l'objet, nous pouvons de même, quand nous avons l'idée du parfait, légitimement conclure

que le parfait existe ; sans quoi cette idée se serait
formée en dehors de toutes lois, ce qui est impossible. Affirmer l'existence du parfait, c'est, si je puis
le dire, affirmer une idée naturelle, c'est-à-dire provenant de notre organisation, fonctionnant d'après
des lois naturelles, qui, évidemment, ne peuvent
donner rien en dehors d'elles.

Il n'y a que deux ordres d'idées : les idées analy-
tiques et les idées synthétiques. Mais toutes soit
directement, soit indirectement, nous sont fournies
par notre organisme. Les premières sont directement
vraies, les secondes ne le sont que relativement. La
question se réduit donc à celle-ci : l'idée de parfait
est-elle une idée analytique ou synthétique. Prenons
un exemple : l'idée *triangle*. Certes, c'est une idée
abstraite, mais elle n'en renferme pas moins une réalité relative; elle représente non un triangle, mais
tous les triangles possibles. Pour ne pas s'y perdre
dans ces milliers de figures qu'on peut réaliser, il a
fallu synthétiser leurs propriétés communes. Mais
s'il n'y avait qu'un triangle possible, *l'abstrait se
confondrait* avec le *concret* en un *seul* et même objet.
Ne pouvant embrasser à la fois tous les êtres ayant
des propriétés communes, nous sommes forcés, pour
nous les représenter, de former des genres où nous
les réunissons, d'élaguer les différences pour ne con-
server que les qualités communes.

L'idée abstraite *homme* ne renferme certainement
aucune réalité objective ; mais cette idée n'existerait
pas, s'il n'y avait pas des hommes ; de même que
s'il n'y avait qu'un seul homme, l'abstraction se
confondrait avec la réalité et aurait la même réalité.

Si donc il pouvait y avoir plusieurs infinis, plusieurs parfaits, l'infini, le parfait ne serait qu'une
idée synthétique ; mais comme il ne peut y avoir
qu'un seul parfait, qu'un seul infini, l'idée synthétique se confond avec l'analytique et est, par conséquent, l'expression de la réalité. On ne peut dire
que le parfait soit l'abstraction de l'imparfait, l'infini du fini. Quand je dis triangle, quoique je ne
spécifie aucun triangle spécial, il n'en est pas moins
vrai que cette abstraction renferme quelque chose
de commun à tous les triangles possibles ; soit : trois
angles, trois côtés ; la somme des trois angles égale
a deux droits. Tandis que lorsque je dis l'infini, le
parfait, cette idée ne renferme rien des propriétés
communes aux choses finies, imparfaites.

II

Il y a aussi ce qu'on appelle les preuves morales de l'existence de Dieu. Les principales sont : 1° Cette existence admise par tous les peuples; 2° les idées de morale, de responsabilité, de devoir. A la preuve qui se fonde sur la croyance universelle du genre humain à un Dieu, on a opposé, dans ces derniers temps, qu'il y avait des peuples athées : les disciples de Confucius et du Boudha. Cette affirmation d'athéisme, avancée par Ampère, Burnouf, est mal fondée.

Que dans les livres de Confucius, du Boudha, il ne soit pas question de Dieu, nous l'admettons; mais en conclure que les peuples boudhistes et les sectateurs de Confucius soient athées, c'est mettre tous les faits de côté. Supposons qu'on n'eut que des notions presque nulles sur l'antique religion des Grecs, que l'on retrouvât quelques ouvrages de Platon et de Xénophon, n'en pourrait-on pas induire que les Grecs étaient monotheistes? Ces ouvrages forment des systèmes philosophiques; ceux de Confucius et de Boudha également. Pense-t-on que sur les trois à

quatre cents millions de boudhistes qui existent, il
y ait cinquante individus qui comprennent cette
doctrine, qui se rendent compte de son Nirvana? En
est-il un qui comprenne la méthole pour y par-
venir? Le boudhisme n'est pas tel que son fondateur
l'a rêvé, mais tel que le pratiquent ses millions de
sectateurs, c'est-à-dire une vraie religion. Il suffit
de l'observer pour en être convaincu, pour voir que
les livres de Boudha et ceux de ses commentateurs
sont l'œuvre d'un philosophe et d'une secte, et que
les croyances du vulgaire n'ont aucun rapport avec
elle. Ainsi, les soutras parlent de saints boudhistes
sortant du Nirvana. N'est-ce point une protestation
populaire contre la doctrine philosophique. Le but
du boudhisme est le néant; ce néant est la récompense, et des saints en sont délivrés! Qu'est-ce que
Ladi-Boudha, si ce n'est une protestation du même
bon sens populaire! A chaque instant, chez ces
peuples éclate un sentiment qui contrarie l'athéisme.
Ainsi : les *dieux encouragent* le Boudha; les *dieux*
sont épouvantés de ses austérités. Quels dieux? Que
signifie chez les Chinois la religion des ancêtres?
Comment expliquer ces bons et mauvais génies qu'ils
reconnaissent?.... Evidemment, il y a contradiction
formelle et permanente entre le philosophe qui nie
et le sentiment populaire qui affirme; seulement,
aveugle, ignorant, il proteste par des superstitions.

On a voulu invoquer encore pour preuve de l'athéisme de ces peuples, leur mépris pour la mort. Remarquons à ce sujet que le peuple qui pousse le plus le suicide à l'excès, l'Indien, croit à une transmigration souvent inférieure, transmigration qui lui semble si affreuse que le but du boudhisme a été de la détruire, et que c'est à cela qu'il a dû en partie son succès. Voici donc une chose qui épouvante ; pour y échapper, on invente un moyen d'arriver au néant, et ces peuples, cependant, se suicident avec la plus déplorable facilité, tombant ainsi dans cette transmigration si redoutée. Le mépris de la mort n'est pas une preuve d'athéisme ; en général, le suicide, qu'il ne faut pas confondre avec lui, est une lâcheté. Je l'ai trop observé pour en douter. Le plus souvent, il tient à un défaut d'énergie, à une crainte énorme de la souffrance, à une faiblesse de cœur qui fait que l'on désespère immédiatement et que l'on voit tout perdu. Alors, pour échapper à des angoisses, à des douleurs qu'on n'a pas l'énergie d'affronter, on se réfugie dans la mort. Quand l'homme se tue après la lutte, après avoir résisté de tout son pouvoir, de toute son énergie, et quand l'esprit libre et calme au milieu de tous les désastres, envisageant toutes les chances, il les voit toutes contraires, il offre une certaine grandeur. On en cite quelques cas. Et en les examinant avec soin, nous sommes

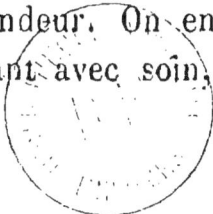

cependant à nous demander s'il n'y a pas eu là plus d'orgueil encore que de grandeur.

Mais revenons sur ce reproche d'athéïsme fait à certains peuples. C'est dans les œuvres populaires qu'il faut voir ce qui en est. Que trouvons-nous? Ces peuples *invoquent* le Boudha pour lui demander des récompenses; ils le *prient*, ils l'*honorent*; qui prient-ils, qui honorent-ils? Celui qui a su s'acquérir à lui-même le néant. Ce serait donc le néant qu'ils invoqueraient! On le voit donc! Conclure du Boudhisme philosophique au Boudhisme populaire est absurde. Ce qui a fait la fortune de cette religion, ce n'est pas qu'elle réponde au besoin d'un peuple athée, mais c'est l'abolition des castes, ce sont les préceptes moraux admirables qu'elle renferme, préceptes qui sont tellement nécessaires à l'homme, que par là le Boudhisme a pénétré dans tous les cœurs. Le peuple, protestant sans le savoir contre la doctrine philosophique, en a fait une religion.

Il résulte de ces faits, que chacun peut vérifier, mais que nous ne pouvons qu'indiquer, que les peuples soi-disant athées ne le sont pas. La vraie doctrine ne leur ayant pas été enseignée, ils ne peuvent en formuler une, mais leur sens intime se révolte contre les systèmes philosophiques que l'on prend pour l'expression de leurs idées, tandis qu'elle n'est celle que de quelques individus. Loin d'être

athées, ces peuples sont des protestants d'a-
théïsme.

Notons ici l'erreur de ceux qui attribuent l'origine
des religions à la terreur. Les deux religions qui ont
le plus de prosélytes sont celles qui sont les plus
douces, les plus humaines. Le Boudhisme et le
Christianisme.

Un fait important à signaler dans l'histoire des
religions, c'est le besoin qu'ont les peuples d'en
avoir une, l'attachement qu'ils professent pour elle,
quelque absurde qu'elle soit. Essayez d'inculquer à
un individu une idée que vous ne pourrez lui démontrer, il l'acceptera ou la rejettera. S'il l'admet,
une deuxième la recevra ou y sera indifférent, mais
aucun d'eux n'attachera une importance extrême à
la propager, à moins qu'il n'y ait un bénéfice.
Dans l'ordre religieux, il en est autrement; l'homme
croit rapidement et facilement, dès qu'il s'agit du
surnaturel; il ne discute plus, il meurt pour confir-
mer sa foi; ce qui prouve qu'il a un besoin religieux
à satisfaire, et il admettra l'absurde plutôt que de
ne rien croire. Essayez de faire taire les foules sur
un fait patent, connu et vu de tout le monde, mais
non d'ordre religieux; avec un despotisme suffisant
vous y parviendrez, jamais vous n'y arriverez dans
le second cas.

L'homme produit des lois naturelles en relation

par cela même avec le monde, ne raisonne que par ces lois. Le sentiment religieux n'est que leur produit et offre, par conséquent, autant de réalité que tous les autres phénomènes ; on pourrait même presque dire plus, car il est universel.

Chez tous les peuples, il existe une morale : d'où vient-elle? Evidemment, elle ne peut avoir sa source dans les idées d'utile, d'agréable. On pourrait soutenir cette thèse, si la plupart du temps les idees morales ne contrariaient nos goûts, nos intérêts. Où est maintenant (septembre 1870) l'utile, l'agréable, pour ceux qui, dans le froid, dans la boue, dans la faim,... se font tuer, et, ils le savent, sans espoir de réussir.

La seule objection en apparence sérieuse, qu'on ait pu faire contre l'origine des idées morales, est celle-ci : Les préceptes, soi-disant moraux, peuvent varier et sont souvent contradictoires chez les divers peuples. Ainsi, chez les uns, il est beau de pardonner ; chez les autres, la vengeance est un devoir. A notre avis, cette objection a peu de valeur. En effet, quel est le grand fait qui se détache? C'est que tous les peuples ont des notions morales. Elles sont mauvaises, contradictoires, c'est vrai, mais elles existent. Il n'en reste pas moins démontré que chez tous il y a des actes permis, d'autres défendus. Certes, ils varient sur la nomenclature de ces actes, souvent

même ils se contredisent; mais il en ressort ce fait,
que pour tous il y a un juste et un injuste.

Il en est ici comme pour tout. Dans les religions,
la notion de Dieu ne se dégage que peu à peu. Il y a
des cultes honteux, abominables, mais il y a des
cultes. De même, il y a des morales absurdes, hor-
ribles, mais l'idée morale subsiste. L'esprit de
l'homme, obscurci par la matière et s'en dégageant
peu à peu, s'empare lentement, graduellement, non-
seulement des vérités théologiques et morales, mais
encore des scientifiques; mais il les saisit. Ces notions, d'abord obscures, s'éclaircissent peu à peu,
s'épurent. Est-ce que la chimie n'a pas été l'alchimie? Est-ce que l'astronomie n'a pas été l'astrologie?

Ce que nous disons répond à l'objection suivante :
Les peuples, à l'origine, adorent des fétiches, puis
vient un polythéisme plus ou moins éclairé, enfin le
monothéisme; au monothéisme succède l'athéisme
ou quelque chose d'approchant. L'homme éclairé
arrive à la négation de Dieu.

On le voit, cette objection est peu grave. D'abord,
nous ne croyons pas le nombre d'athées aussi grand
qu'on le dit parmi les hommes vraiment intelligents.
En outre, nous ne pensons pas que la Rome d'Au-
guste et de César ait rien à nous reprocher en fait
d'athéisme. Remarquons-le; ce mode de développement, en partie vrai, de l'idée de Dieu, est naturel;

il n'est qu'une suite nécessaire de la marche normale de l'esprit humain.

Toutes les sciences ont suivi la même évolution.
C'est un résultat de notre organisation.

L'homme, au début, saisit les faits en une synthèse vague; à mesure qu'elle s'étend, il voit qu'elle
manque de tous côtés et les laisse échapper. Alors,
il a recours à l'analyse, il décompose; plus il avance
dans cette voie, plus il s'aperçoit de la fausseté des
synthèses primitives, plus il constate que les faits
ont été réunis à tort. Dès lors, il ne croit plus qu'à
l'analyse, et encore elle peut le tromper, s'il ne la
pousse à l'infini, si je puis dire jusqu'à la pulvérisa-
tion, et alors il s'apercevra qu'il n'a la raison de
rien, et il faudra qu'il recommence un nouveau travail de reconstitution, plus exact cette fois, qui permettra d'établir la science sur des bases plus solides.
Ce que nous venons de dire donne l'explication de
ces crises de scepticisme qui envahissent de temps
en temps l'esprit humain; c'est que, tôt ou tard, il
s'aperçoit de la faiblesse des synthèses trop hâtives
et proteste contre elles.

L'époque où nous vivons est marquée par un mouvement général de révision des théories synthétiques. L'homme, fatigué d'errer toujours, veut arriver, et avec raison, à la connaissance des premiers
éléments. Ce travail d'analyse à outrance est néces-

saire. Mais comme il met à néant toutes les anciennes synthèses, on comprend la *nécessité* de l'état de scepticisme actuel, état qui s'est déjà renouvelé bien souvent dans la science. Tôt ou tard, et le temps n'est pas loin, tous ces faits épars seront réunis à nouveau, et sous la main d'un homme supérieur l'édifice de la science sera reconstitué. Il montrera que tous ces éléments n'étaient que les matériaux d'un magnifique assemblage, que ces atomes dissociés ne sont que les anneaux d'une même chaîne, que ces forces qui semblent divisées tendent toutes à un même but.

Ce que nous disons d s sciences s'applique aussi à la théologie. L'analyse, seulement, est ici moins avancée; il faut qu'elle devienne encore plus profonde, il faut que l'âme et Dieu soient, si je puis le dire, réduits en poussière, anéantis, pour se reconstituer dans une synthèse supérieure. C'est sur le Golgotha, le cadavre du Christ livré aux ensevelisseurs, pour en sortir plus glorieux. Mais si à lui trois jours ont suffi pour ressusciter, est-ce trop de demander quelques siècles pour que l'homme ressuscite l'âme et Dieu.

Que pensaient dans l'antiquité, au moyen-âge, les plus graves esprits, de l'astrologie? chimère; de l'alchimie? chimère; c'est qu'à chaque pas qu'ils avaient voulu faire dans l'étude de ces sciences, telles qu'elles étaient constituées alors, vu une synthèse trop rapide de ceux qui les avaient fondées, ils se heurtaient à des erreurs, et par suite niaient la science. Mais par l'observation, par l'analyse, à l'astrologie a succédé l'astronomie; à l'alchimie, la chimie. Les théories périssent, mais la science subsiste. Les religions meurent, mais la religion ne meurt pas. C'est un spectacle curieux et triste à la fois de voir de grandes et nobles intelligences nier Dieu et adorer la nature, ou une abstraction, l'humanité, comme si une force aveugle ou un néant pouvait être révérés par un être conscient : l'homme! C'est que ces âmes aveugles ont beau faire, il faut qu'elles obéissent malgré elles aux lois de la nature, qui veulent que l'homme soit un animal religieux.

III

Dieu existe. L'homme a une âme, c'est-à-dire une activité propre, consciente. Voici deux faits établis. L'homme, muni de l'idée de Dieu, ayant une conscience, peut-il être astreint à un devoir? Est-il lié par les lois morales? Evidemment non; car il n'y a à ce devoir aucune sanction, ou du moins elle est si faible, manque si souvent, qu'elle ne peut compter. La douleur ou le plaisir moral n'existent que chez le petit nombre et précisément chez ceux qui, par leur nature élevée, ont le moins besoin de récompense ou de châtiment. En outre, chez presque tous, quand ils existent ils finissent par s'émousser. Il suffit de jetter les yeux sur le monde, pour voir qu'il n'y a ici bas, ni peines ni récompenses. Le juste et l'injuste passent devant les événements sereins ou contraires, aussi exposés l'un que l'autre à en subir la bonne ou mauvaise influence, et même le juste est plus éprouvé, car non-seulement il supporte comme les autres les souffrances physiques, mais encore il est l'élu pour les douleurs morales. De là l'idée qu'après la mort il y aura une punition pour les actions mauvaises, une récompense pour les bonnes; d'où la nécessité de l'immortalité de l'âme.

Si on examine cette idée au point de vue anatomique et physiologique, elle rencontre de graves objections. Nous avons vu, en effet, que les idées ne peuvent être saisies par le moi, que par une lecture des impressions s'imprimant ou se réveillant dans le cerveau. Par la mort, cet organe est détruit; il n'y a donc plus aucun moyen de retrouver les idées qui ont existé pendant la vie. Si donc l'âme subsiste, elle est après l'anéantissement du corps aussi étrangère au monde extérieur, que si elle n'avait jamais eue aucune relation avec lui. En l'absence de toute image, la conscience ne pouvant plus s'affirmer, l'immortalité, supposant qu'elle existât, ne serait plus réelle, le châtiment ou la récompense devenant impossible envers celui qui ne peut plus se rappeler le spectacle, soit du bien, soit du mal accompli.

Pour que la conscience put se réveiller, il faudrait qu'il fut accordé à l'âme de savoir en dehors des données constatées par l'anatomie et la physiologie, ou que, par un miracle, le corps ressuscitat identiquement tel qu'il était à l'époque de la mort. Des docteurs chrétiens, des philosophes, n'ayant aucune notion des sciences naturelles, avaient cependant pressenti ces difficultés et admis en conséquence cette résurrection, sans soupçonner cependant les objections

que la science moderne devait opposer à la doctrine
de l'immortalité de l'âme. Nous voyons donc, en nous
résumant, que Dieu existe, que l'homme est un être
moral qui sent qu'il a des devoirs à remplir. D'un
autre côté, il résulte des données fournies par l'anatomie et la physiologie, qu'il y a impossibilité de
sanction à ce devoir. Evidemment, il y a une contradiction flagrante entre les faits fournis par les lois
générales et les données de ces deux sciences, et cependant ces dernières ne peuvent évidemment con-
tredire les lois générales qui dirigent tout et dont
elles ne sont que les conséquences. Il faut donc, de
toute nécessité, qu'il y ait une conciliation quelque
part. C'est ce que nous exposerons plus tard.

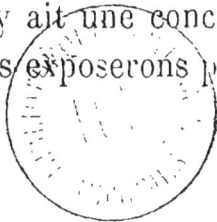

BEAUVAIS, IMPRIMERIE E. LAFFINEUR.

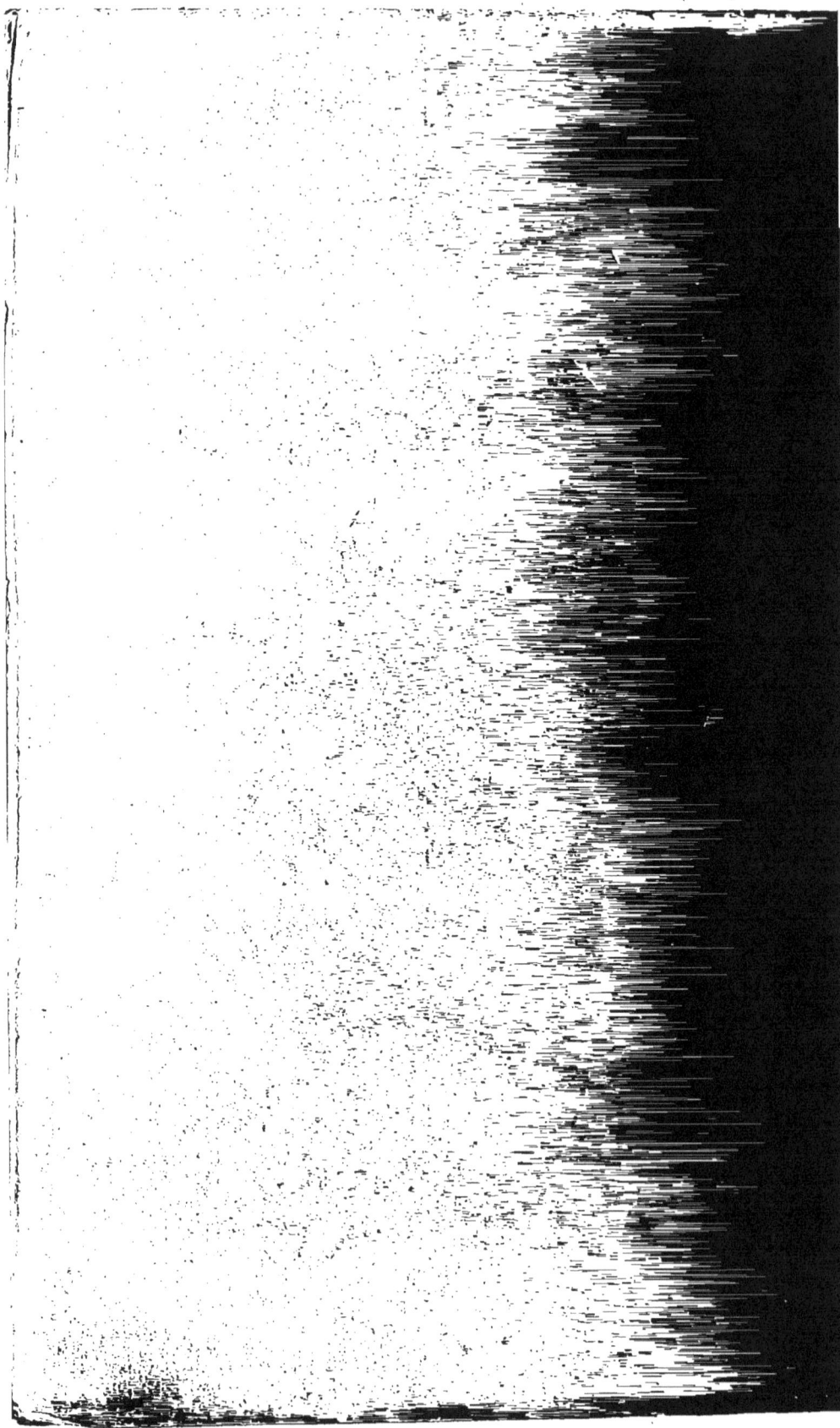